MATHEMATIK – VORKURS

FÜR

STUDIENANFÄNGER

Detlef Wille

1. Auflage

Alle Rechte vorbehalten.

Verlag　　Binomi, Schützenstr. 9, 30890 Barsinghausen

　　　　　　Telefon　　05105–4419
　　　　　　Telefax　　05105–515798
　　　　　　E–Mail　　verlag@binomi.de
　　　　　　Internet　www.binomi.de

Druck　　BWH GmbH　　Medien Kommunikation

Zu beziehen beim Verlag oder im Buchhandel

ISBN:　978–3–923923–10–6

Hannover 11/07

Vorwort

Viele Studiengänge an Hochschulen aller Art benötigen Mathematik als Grundlagenfach bzw. als Hilfswissenschaft. Mit diesem Vorkurs können Studienanfänger die für ihr Studium wichtigen Grundkenntnisse wiederholen, auffrischen oder sich wieder aneignen.
Der Stoff dieses kurzen Vorkurses beschränkt sich ganz bewußt auf grundlegende Begriffe und Rechentechniken, und klammert den üblichen Oberstufenstoff über Differential- und Integralrechnung, Lineare Algebra und Stochastik aus. In vielen Jahren Lehrtätigkeit hat der Autor nämlich festgestellt, dass die Schwierigkeiten, mit denen Studierende in den ersten Klausuren z.B. in der Mathematik für Ingenieurswissenschaften oder Wirtschaftswissenschaften zu kämpfen haben, viel grundlegender sind – sie beginnen in der Bruchrechnung und Potenzrechnung.
Aus diesen Kennnisse heraus ist das Buch konzipiert. Es werden kurz die nötigen Begriffe definiert und dann viele Übungen (insgesamt etwa 300 Beispiele) durchgerechnet. Bei der selbständigen Bearbeitung dieser Übungen kann man testen, wie sicher man die Rechentechniken beherrscht und gegebenenfalls die zugehörigen Begriffe und Regeln wiederholen. Das Kapitel über Funktionen dient als kurzer Überblick über die wichtigsten Funktionstypen und stellt, ohne in die Tiefe zu gehen, die Kenntnisse zusammen, die unbedingt nötig sind.
Auf Literaturangaben wird weitgehend verzichtet, da die Bücher, zu denen man greifen wird, fächerspezifisch sind, also vom Studienfach abhängen werden. Gelegentlich tauchen zwei Hinweise auf, und zwar
    F+H: Formeln und Hilfen zur Höheren Mathematik; G. Merziger u.a.
eine Formelsammlung, die im Studium unerläßlich ist und
    REP: Repetitorium der Höheren Mathematik; G. Merziger, T. Wirth
ein Buch, das überwiegend in naturwissenschaftlichen Studiengängen sehr beliebt ist, beide im Binomi Verlag (www.binomi.de) erschienen.
Dieses Buch widme ich meinem ehemaligen Kollegen Dr. Thomas Wirth, der an der Überarbeitung der ersten Kapitel noch mitgewirkt hat und dann leider viel zu früh verstorben ist.

Hannover, November 2007

Symbole in der Reihenfolge ihres Auftretens

$\mathbb{N} = \{1, 2, 3, \ldots\}$	Menge der natürlichen Zahlen	7
$\mathbb{Z}$	Menge der ganzen Zahlen	7
$a \mid b$	a teilt b	7
$\mathrm{ggT}(a, b)$	größter gemeinsamer Teiler von a und b	8
$\mathrm{kgV}(a, b)$	kleinstes gemeinsames Vielfaches von a und b	8
$\mathbb{Q}$	Menge der rationalen Zahlen	15
$\mathbb{R}$	Menge der reellen Zahlen	17
a^n	Potenz (a hoch n)	20
$A := B$	definierendes Gleichheitszeichen (A wird durch B definiert.)	20
$\sqrt[n]{a}$	n-te Wurzel aus a	21
$\sqrt{a}$	Wurzel aus a	21
$\binom{n}{k}$	Binomialkoeffizient (n über k)	22
$\log_a c$	Logarithmus von c zur Basis a	24
101_2	Dualzahl	26
$\emptyset$	die leere Menge	30
$<, \leq, >, \geq$	Ungleichheitszeichen	34
$[a, b]$	abgeschlossenes Intervall	35
$]a, b[$ auch (a, b)	offenes Intervall	35
$[a, \infty[$	spezielles Intervall (nach rechts unbeschränkt)	36
$\cup$	Vereinigungszeichen	36
$]-\infty, a]$	spezielles Intervall (nach links unbeschränkt)	36
$\lvert x \rvert$	Betrag von x	38
$\mathbb{R}^2$	Menge der Punkte $\{(x, y) \mid x, y \in \mathbb{R}\}$ (Ebene)	45
$P = (x, y)$	Punkt (Element aus $\mathbb{R}^2$)	45
$f : D \longrightarrow \mathbb{R}$	Funktion von D in $\mathbb{R}$	59
$f(D)$	Bildmenge (Bildbereich)	59
$\mathbb{R}_{\geq 0}$	Menge der positiven reellen Zahlen und der Null	59
$[x]$	größte ganze Zahl kleiner gleich x	64
$g \circ f$	Verkettung von f und g	73
id_A	die Identität auf A	75
$\mathbb{R}_{\leq 0}$	Menge der negativen reellen Zahlen und der Null	76
$\mathbb{R}_{>0}$	Menge der positiven reellen Zahlen	78
$\sin, \cos, \tan, \cot$	die trigonometrischen Funktionen	79

Inhaltsverzeichnis

1 Elementares Rechnen   **7**
     1.1 Rechnen in $\mathbb{N}$ und $\mathbb{Z}$ 7
     1.2 Bruchrechnung, Prozentrechnung 11
     1.3 Rationale und reelle Zahlen 15
     1.4 Grundrechenregeln in $\mathbb{R}$ 18
     1.5 Potenzrechnung, binomische Formeln 20
     1.6 Logarithmen 24
     1.7 Dualsystem 26

2 Gleichungen und Ungleichungen   **27**
     2.1 Lineare Gleichungen 27
     2.2 Quadratische Gleichungen 32
     2.3 Ungleichungen 35
     2.4 Rechnen mit Beträgen 39
     2.5 Wurzelgleichungen, Exponentialgleichungen 42

3 Einiges im $\mathbb{R}^2$ **45**
     3.1 Lineare Gleichungssysteme mit zwei Variablen 46
     3.2 Lineare Ungleichungen mit zwei Variablen 52
     3.3 Spezielle Gleichungen mit zwei Variablen 54
     3.4 Funktion, Graph einer Funktion 59

4 Reelle Funktionen   **65**
     4.1 Polynomfunktionen 65
     4.2 Rationale Funktionen 69
     4.3 Verkettung von Funktionen,
           Umkehrfunktionen 74
     4.4 Exponentialfunkionen 77
     4.5 Trigonometrische Funktionen 79

Index   **84**

Kapitel 1

Elementares Rechnen

1.1 Rechnen in $\mathbb{N}$ und $\mathbb{Z}$

Es ist $\mathbb{N} = \{1, 2, 3, 4, \ldots\}$ die **Menge der natürlichen Zahlen** und
$\mathbb{Z} = \{\ldots, -3, -2, -1, 0, 1, 2, 3, 4, \ldots\}$ die **Menge der ganzen Zahlen**.
$x \in A$ liest man: x ist Element der Menge A,
$x \notin A$ liest man: x ist kein Element der Menge A.
z.B. gilt: $5 \in \mathbb{N}$, $-3 \in \mathbb{Z}$, $-3 \notin \mathbb{N}$, $\frac{1}{2} \notin \mathbb{Z}$.

In $\mathbb{N}$ und $\mathbb{Z}$ beschäftigt man sich mit Teilbarkeitsbegriffen.

Teilbarkeit

Sind $a, b \in \mathbb{Z}$, so heißt a ein **Teiler** von b, falls es eine ganze Zahl c gibt mit $a \cdot c = b$.
b heißt dann **Vielfaches** von a.
Schreibweise: $a \mid b$ gelesen: a teilt b,   z.B. $4 \mid 24$, denn $4 \cdot 6 = 24$.
$\qquad\qquad\quad a \nmid b$ gelesen: a teilt nicht b,   z.B. $3 \nmid 8$.

Schon bei der Definition von Primzahlen braucht man den Begriff der Teilbarkeit, denn:
eine natürliche Zahl p größer gleich 2 heißt **Primzahl**, falls p nur 1 und sich selbst als Teiler besitzt.
Erste Primzahlen: $2, 3, 5, 7, 11, 13, 17, 19, 23, 29, 31, \ldots$
Schon EUKLID (300 v.Chr.) hat bewiesen, dass es unendlich viele Primzahlen gibt. Große Primzahlen werden in der Codierungstheorie gebraucht.

Für die Bruchrechnung wichtig sind die Begriffe **größter gemeinsamer Teiler** (ggT) und **kleinstes gemeinsames Vielfaches** (kgV).

---

ggT und kgV

Sind $a, b \in \mathbb{N}$, so
heißt c größter gemeinsamer Teiler von a und b, falls gilt:
1. $c|a$ und $c|b$
2. es gibt keine größere natürliche Zahl als c, die a und auch b teilt.
   Mathematisch drückt man das wie folgt aus:
   Gilt $d|a$ und $d|b$ für ein $d \in \mathbb{N}$, so folgt $d|c$.

heißt s kleinstes gemeinsames Vielfaches von a und b, falls gilt:
1. es gibt natürliche Zahlen d und e mit
   $s = d \cdot a = e \cdot b$, d.h. s ist gemeinsames Vielfaches von a und b.
2. es gibt kein kleineres gemeinsames Vielfaches von a und b.
   Mathematisch drückt man das wie folgt aus:
   Gilt $r = f \cdot a = g \cdot b$ für natürliche Zahlen f und g, so folgt $s|r$.

Schreibweisen: $c = \mathrm{ggT}(a,b)$ und $s = \mathrm{kgV}(a,b)$.

Es gilt: $\boldsymbol{a \cdot b = \mathrm{ggT}(a,b) \cdot \mathrm{kgV}(a,b)}.$

Beispiele:

(1) $a = 15$, $b = 20$

15 hat die Teiler $1, 3, 5, 15$.
20 hat die Teiler $1, 2, 4, 5, 10, 20$.
 Also gilt $\mathrm{ggT}(15, 20) = 5$.
Vielfache von 15 sind $15, 30, 45, 60, 75, \ldots$
Vielfache von 20 sind $20, 40, 60, 80, 100, \ldots$
 Also gilt $\mathrm{kgV}(15, 20) = 60$.

(2) $a = 23$, $b = 17$

23 hat die Teiler 1 und 23; 17 hat die Teiler 1 und 17 - beides sind Primzahlen. Also gilt $\mathrm{ggT}(23, 17) = 1$ und $\mathrm{kgV}(23, 17) = 23 \cdot 17 = 391$. Das kgV ergibt sich durch Betrachtung der Vielfachen von 23 und 17.

Gilt also $\mathrm{ggT}(a, b) = 1$ - wie im Beispiel (2) -, so ist nach der Formel im obigen Kasten: $\mathrm{kgV}(a, b) = a \cdot b$.
In diesem Falle nennt man a und b **teilerfremd**.

Ist $\mathrm{ggT}(a, b)$ bekannt, so ergibt sich: $\boxed{\mathrm{kgV}\,(a, b) = \dfrac{a \cdot b}{\mathrm{ggT}(a,b)}}$

In entsprechender Weise kann man auch den ggT und das kgV von mehr als zwei Zahlen definieren. Für $a = 15$, $b = 20$ und $c = 12$ erhält man z.B. wie in Beispiel (1) mit dem Zusatz:
Teiler von 12 sind $1, 2, 3, 4, 6, 16$; Vielfache von 12 sind $12, 24, 36, 48, 60, 72, \ldots$:
$\mathrm{ggT}(15, 20, 12) = 1$ und $\mathrm{kgV}(15, 20, 12) = 60$.

1.1. RECHNEN IN ℕ UND ℤ

Berechnungsverfahren für den ggT(a,b): 1. Primfaktorzerlegung
2. EUKLIDischer Divisionsalgorithmus

1. Primfaktorzerlegung
Man zerlegt a und b in Primfaktoren und bildet das Produkt derjenigen Primfaktoren, die in beiden Zerlegungen auftreten.

Beispiel; $a = 660, b = 5544$

$$\begin{array}{lll}
a=660 & =2\cdot 2\cdot 3\cdot 5\cdot 11 & = 2^2\cdot 3^1\cdot 5^1\cdot 7^0\cdot 11^1 \\
b=5544 & =2\cdot 2\cdot 2\cdot 3\cdot 3\cdot 7\cdot 11 & = 2^1\cdot 3^2\cdot 5^0\cdot 7^1\cdot 11^1 \\
\text{ggT}(660,5544) & =2\cdot 2\cdot 3\cdot 11 = 132 & = 2^2\cdot 3^1\cdot 5^0\cdot 7^0\cdot 11^1 \quad \text{(kleinster Exp.)} \\
\text{kgV}(660,5544) & \stackrel{\text{nach Formel}}{=} \frac{660\cdot 5544}{132} & = 2^3\cdot 3^1\cdot 5^1\cdot 7^1\cdot 11^1 \quad \text{(größter Exp.)} \\
& = 27720
\end{array}$$

Der ggT ergibt sich also, indem man in der Primfaktorzerlegung von den gemeinsam auftretenden Primzahlen jeweils die Potenz mit dem **kleinsten Exponenten** als Faktoren wählt.

Das kgV erhält man aus der Primfaktorzerlegung von a und b, indem man alle auftretenden Primzahlen und zwar jeweils die Potenz mit dem **größten Exponenten** als Faktoren wählt.

(Zu den Begriffen über Potenzen siehe Potenzrechnung 1.5.)

Die Zerlegung in Primfaktoren kann dabei mühsam sein.
Bei $a = 660$ erkennt man leicht $660 = 10\cdot 66$ und erhält dann sofort:
$$660 = 2\cdot 5\cdot 6\cdot 11 = 2\cdot 2\cdot 3\cdot 5\cdot 11$$
Bei $b = 5544$ sollte man sehen: $5544 = 11\cdot 504$.
504 ist durch 4 teilbar (die Zahl aus den letzten beiden Ziffern - hier 4 - ist durch 4 teilbar) und auch durch 9 teilbar (die Quersumme - hier 9 - ist durch 9 teilbar). Also
$$504 = 4\cdot 126 = 4\cdot 9\cdot 14 \text{ und } 5544 = 11\cdot 2\cdot 2\cdot 3\cdot 3\cdot 2\cdot 7 = 2^3\cdot 3^2\cdot 5\cdot 7\cdot 11.$$
Beginnt man mit der Division durch 2, also $5544 = 2\cdot 2772$, wird es mühsamer.

2. Euklidischer Divisionsalgorithmus
Dieser Algorithmus eignet sich besonders bei größeren Zahlen a und b gut zur schnellen Berechnung von ggT(a,b). Wir führen ihn für das gleiche Beispiel ggT$(5544,660)$ durch.
Man beginnt mit der Division

$$\begin{array}{llll}
5544 : 660 & = & 8 \text{ Rest } 264 \quad \text{also} & 5544 = 8\cdot \underline{660} + \underline{264} \\
\end{array}$$
Die unterstrichenen Zahlen werden wieder dividiert.
$$660 : 264 = 2 \text{ Rest } 132 \quad \text{also} \quad 660 = 2\cdot \underline{264} + \underline{132}$$
Die unterstrichenen Zahlen werden wieder dividiert.
$$264 : 132 = 2 \quad \text{also} \quad 264 = 2\cdot 132$$

Bei diesem Verfahren ist der letzte von 0 verschiedene Rest der ggT, hier also ggT$(5544,660) = 132$.

Das kgV ergibt sich wie oben nach der Formel kgV$(a,b) = \dfrac{a\cdot b}{\text{ggT}(a,b)} = 27720$.

Zwei weitere Beispiele zum EUKLIDischen Algorithmus:
Berechnung von ggT(12136, 8440)   und   ggT(35061, 3542):

12136	=	1 · 8440	+ 3696	35601	=	10 · 3542	+ 181
8440	=	2 · 3696	+ 1048	3542	=	19 · 181	+ 103
3696	=	3 · 1048	+ 552	181	=	1 · 103	+ 78
1048	=	1 · 552	+ 496	103	=	1 · 78	+ 25
552	=	1 · 496	+ 56	78	=	3 · 25	+ 3
496	=	8 · 56	+ 48	25	=	8 · 3	+ 1 ggT
56	=	1 · 48	+ 8 ggT	3	=	3 · 1	
48	=	6 · 8					

Es ist also ggT(12136, 8440) = 8   und   ggT(35061, 3542) = 1, die beiden Zahlen 35061 und 3542 sind teilerfremd.

Die Primfaktorzerlegungen im linken Beispiel lauten
$$12136 = 2 \cdot 2 \cdot 2 \cdot 1517$$
$$\text{und}\quad 8440 = 2 \cdot 2 \cdot 2 \cdot 5 \cdot 211,$$
aber zumindest für das Erkennen von 1517 als Primzahl braucht man einige Zeit. Die Primfaktorzerlegungen liefern dann ebenfalls ggT(12136, 8440) = 8. Im rechten Beispiel sind die Primfaktorzerlegungen
$$35061 = 3 \cdot 13 \cdot 29 \cdot 31 \quad \text{und} \quad 3542 = 2 \cdot 7 \cdot 11 \cdot 23$$
mühsamer zu bestimmen.

Eine Anwendungsaufgabe:

> Zwei Zahnräder Z_1 und Z_2 mit 15 bzw. 18 Zähnen greifen ineinander und drehen sich gegenläufig jeweils um eine Welle. Nach wieviel Umdrehungen von Z_1 bzw. Z_2 stehen sie erstmals wieder in der markierten Ausgangsstellung?
>
>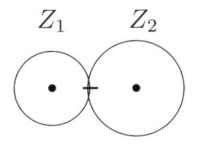

Lösung:
Sie stehen genau dann wieder in der Ausgangsstellung, wenn die Umdrehungszahlen multipliziert mit der Anzahl der Zähne jeweils ein gemeinsames Vielfaches der Zahnanzahlen ist. Also ergibt sich die Lösung der Frage über das kgV(15, 18).
$$15 = 3 \cdot 5 \,,\, 18 = 2 \cdot 3 \cdot 3 \implies \text{kgV}(15, 18) = 2 \cdot 3 \cdot 3 \cdot 5 = 90$$
Es ist kgV(15, 18) = 90 = 6 · 15 = 5 · 18.

Die Zahnräder stehen erstmals wieder nach 6 Umdrehungen von Z_1 bzw. 5 Umdrehungen von Z_2 in der Ausgangsstellung.

1.2 Bruchrechnung, Prozentrechnung

Bei Termumformungen ist das wichtigste Hilfsmittel das Rechnen mit Brüchen. Deshalb werden hier noch einmal die Regeln der Bruchrechnung zusammengestellt. Anschließend folgen einige Übungen, die ohne Probleme nachvollziehbar sein sollten.

Im folgenden stehen alle Variablen für ganze Zahlen (also für Elemente aus $\mathbb{Z} = \{\ldots, -3, -2, -1, 0, 1, 2, 3, \ldots\}$), und sie seien so gewählt, dass im Nenner eines Bruches niemals 0 steht (Division durch 0 ist nicht definiert).

1) $\dfrac{a}{b} = \dfrac{a \cdot c}{b \cdot c} = \dfrac{ac}{bd}$

Den Übergang von links nach rechts nennt man **Erweitern** (mit $c \neq 0$).
Den Übergang von rechts nach links nennt man **Kürzen** um den gemeinsamen Faktor c.
Der Multiplikationspunkt $\cdot$ wird üblicherweise weggelassen und nur geschrieben, wenn er erforderlich ist, z.B bei $3 \cdot 5$.

2) $\dfrac{a}{b} \pm \dfrac{c}{d} = \dfrac{ad \pm bc}{bd}$

Bei der Addition von Brüchen erweitert man die Brüche so, dass sie gleiche Nenner besitzen. Statt bd wähle man als gemeinsamen Nenner gegebenenfalls das kleinste gemeinsame Vielfache von b und d, den sog. **Hauptnenner** der Brüche.

3) $\dfrac{a}{b} \cdot \dfrac{c}{d} = \dfrac{ac}{bd}$

Zwei Brüche werden multipliziert, indem man rechnet: $\dfrac{\textbf{Zähler} \cdot \textbf{Zähler}}{\textbf{Nenner} \cdot \textbf{Nenner}}$

4) $\dfrac{a}{b} : \dfrac{c}{d} = \dfrac{ad}{bc}$

Man teilt durch einen Bruch, indem man mit dem Kehrwert dieses Bruches multipliziert.
Zu $\frac{c}{d}$ mit $c \neq 0$ heißt $\frac{d}{c}$ der **Kehrwert**.

Beispiele

Man rechnet $\quad \dfrac{3}{4} + \dfrac{5}{6} = \dfrac{3 \cdot 3}{4 \cdot 3} + \dfrac{5 \cdot 2}{6 \cdot 2} = \dfrac{19}{12} \quad$ Der Hauptnenner der beiden Brüche ist 12.

und nicht $\quad \dfrac{3}{4} + \dfrac{5}{6} = \dfrac{3 \cdot 6 + 5 \cdot 4}{24} = \dfrac{38}{24} = \dfrac{19}{12} \quad$ Auch richtig, aber hier muß nach der Addition gekürzt werden.

$\dfrac{5}{7} \cdot \dfrac{14}{35} = \dfrac{5 \cdot 14}{7 \cdot 35} = \dfrac{2}{5} \quad$ Gekürzt mit 5 und 7.

$\dfrac{\frac{1}{2} - \frac{1}{3}}{\frac{3}{4} + \frac{1}{12}} = \dfrac{6 - 4}{9 + 1} = \dfrac{2}{10} = \dfrac{1}{5} \quad$ Erweitert mit 12.

$\dfrac{\frac{1}{2} - \frac{1}{3} + \frac{1}{4}}{\frac{1}{3} - \frac{1}{4} + \frac{1}{5}} = \dfrac{30 - 20 + 15}{20 - 15 + 12} = \dfrac{25}{17} \quad$ Erweitert mit 60.

$$\frac{7}{12} + \frac{9}{20} = \frac{35}{60} + \frac{27}{60} = \frac{62}{60} = \underline{\frac{31}{30}} \qquad \frac{4}{5} - \frac{9}{10} = \frac{8}{10} - \frac{9}{10} = \underline{-\frac{1}{10}}$$

$$\frac{17}{38} \cdot \frac{57}{85} = \frac{1 \cdot 3}{2 \cdot 5} = \underline{\frac{3}{10}} \qquad \frac{11}{62} : (-\frac{99}{217}) = -\frac{11}{62} \cdot \frac{217}{99} = \underline{-\frac{7}{18}}$$

$$(\frac{1}{2} + \frac{1}{4} + \frac{1}{8} + \frac{1}{16}) : 5 = \ldots = \underline{\frac{3}{16}} \qquad 102 : (3 + \frac{1}{5} - \frac{2}{7}) = 102 : \frac{102}{35} = \underline{35}$$

$$\frac{\frac{4}{7}+\frac{1}{5}}{\frac{9}{8}-\frac{9}{2}} = \frac{27}{35} : (-\frac{54}{16}) = \underline{-\frac{8}{35}} \qquad \frac{\frac{3}{5}-\frac{2}{10}}{\frac{7}{20}-\frac{1}{5}} = \frac{12-4}{7-4} = \underline{\frac{8}{3}}$$

$$(1 + \frac{1}{2} + \frac{1}{3} + \frac{1}{4} + \frac{1}{5}) : (1 - \frac{1}{2} + \frac{1}{3} - \frac{1}{4} + \frac{1}{5}) =$$

Hauptnenner $= \mathrm{kgV}(2,3,4,5) = 60$

$$= \frac{60+30+20+15+12}{60} : \frac{60-30+20-15+12}{60} = \frac{137}{60} : \frac{47}{60} = \underline{\frac{137}{47}}$$

$$\frac{1}{1+\frac{1}{1+\frac{1}{1+1}}} = \ldots = \underline{\frac{3}{5}} \qquad \frac{1}{1+\frac{1}{1+\frac{1}{1+2}}} = \ldots = \underline{\frac{4}{7}}$$

$$\frac{2}{a} + \frac{3}{b} - \frac{4}{c} = \underline{\frac{2bc+3ac-4ab}{abc}}$$

$$\frac{2x}{9y} + \frac{5xz}{6uy} = \frac{2x \cdot 2u + 5xz \cdot 3}{18uy} = \underline{\frac{4ux+16xz}{18uy}}$$

$$10bz \cdot \frac{8ax}{30by} = \underline{\frac{8axz}{3y}} \qquad \text{Gekürzt mit 10 und } b.$$

$$\frac{125ab}{10xy} \cdot \frac{30yz}{25bc} = \underline{\frac{15az}{xc}} \qquad \text{Gekürzt mit } 25, 10, b, y.$$

$$\frac{18x}{15y} : \frac{3b}{5a} = \frac{18x \cdot 5a}{15y \cdot 3b} = \underline{\frac{2ax}{by}} \qquad \text{Gekürzt mit 3 und 5 und nochmal 3.}$$

$$(2\tfrac{2}{5}a : 4\tfrac{2}{3}b) \cdot 5\tfrac{1}{4}c = (\frac{12a}{5} : \frac{14b}{3}) \cdot \frac{21c}{4} = \frac{12a \cdot 3 \cdot 21c}{5 \cdot 14b \cdot 4} = \underline{\frac{63ac}{10b}}$$

$$(39abd - 12acd + 45bcd) : 3d = \ldots = \underline{13ab - 4ac + 15bc}$$

$$(\frac{18bc}{5x} + \frac{21abc}{2y} - \frac{12ab}{5c}) : 3ab = \ldots = \underline{\frac{6c}{5ax} + \frac{7c}{2y} - \frac{4}{5c}}$$

$$(\frac{1}{a} + \frac{1}{b}) \cdot \frac{a}{a+b} = \frac{b+a}{ab} \cdot \frac{a}{a+b} = \underline{\frac{1}{b}} \qquad \text{Gekürzt mit } a+b \text{ und } b.$$

$$\frac{\frac{a}{b}+\frac{c}{d}}{\frac{a}{b}-\frac{c}{d}} = \underline{\frac{ad+bc}{ad-bc}} \qquad \text{Erweitert mit } bd.$$

1.2. BRUCHRECHNUNG, PROZENTRECHNUNG

Prozentrechnung:
% ist ein anderer Begriff für den Bruch $\frac{1}{100}$, also z.B.
$225\% = \frac{225}{100} = \frac{9}{4}$ oder $0,175 = \frac{17,5}{100} = 17,5\%$.

Beispiel:
Ein Kapital von 5000 € verzinst sich jährlich mit 4,5%. Wieviel Zinsen erhält man nach einem Jahr?
Man rechnet: $5000 \cdot \frac{4,5}{100} = 5000 \cdot \frac{45}{1000} = 5 \cdot 45 = 225$.
Man erhält 225 € Zinsen.

Prozentrechnung
Bezeichnungen: G Grundwert, $p\%$ Prozentsatz, W Prozentwert
Zusammenhang: $\boxed{W = G \cdot p\% = G \cdot \dfrac{p}{100}}$

Weitere **Beispiele**:

Ein landwirtschaftlicher Großbetrieb mit 600 ha Fläche baut auf 30 % der Fläche Weizen an, auf 55 % der Fläche Raps und der Rest ist Weideland. Wie groß sind die jeweiligen Anbauflächen?

Lösung:
$600 \cdot \frac{30}{100} = 180 \qquad 600 \cdot \frac{55}{100} = 330 \qquad \text{Rest} = 600 - 330 - 180 = 90$
Auf 180 ha wird Weizen angebaut, auf 330 ha Raps und 90 ha sind Weideland, das sind natürlich $\frac{90}{600} = \frac{15}{100} = 15\%$.

Eine Ware verteuert sich von 200 € auf 225 €.   a) Um wieviel % ist sie teurer geworden?   b) Wieviel % war sie vorher billiger?

Lösung zu a) Gefragt ist: Wieviel % von 200 € sind 25 € ?
Also $G = 200$ und $W = 25$; gesucht $p\%$.
$\frac{p}{100} = \frac{W}{G} = \frac{25}{200} = \frac{12,5}{100}$ oder $p = \frac{100W}{G} = 12,5$
Die Ware ist 12,5 % teurer geworden.

Lösung zu b) Gefragt ist jetzt: Wieviel % von 225 € sind 25 € ?
Also $G = 225$, $W = 25$; gesucht $p\%$: $p = \frac{2500}{225} = 11$
Die Ware war um 11 % billiger. Zusammenfassend:
25 sind $\quad$ 12,5% $\quad$ von 200 (Preis vorher),
$\qquad\qquad$ 11% $\quad$ von 225 (Preis nachher).

Man beachte:
Wird eine Ware um $p\%$ teurer, so war sie vorher um $\boxed{\dfrac{100p}{100+p}\%}$ billiger.

Im obigen Beispiel also: Verteuerung um 12,5 % bedeutet:
Vorher war die Ware $\frac{1250}{100+12,5}\% = \frac{1250}{112,5}\% = 11\%$ billiger.

Man muß also darauf achten, auf welchen Grundwert sich der Prozentwert W bezieht:
Ist z.B. A 200 cm groß und B nur 160 cm, so ist
A 25% größer als B (40 sind 25% vom Grundwert 160), aber
B 20% kleiner als A (40 sind 20% vom Grundwert 200).
Ein weiteres Beispiel hierzu ist die folgende Aufgabe:

> Wieviel Prozent spart ein Autofahrer an Zeit, wenn er sein Durchschnittstempo von 100 km/h auf 125 km/h erhöht?

Lösung:
Es gilt: Weg = Geschwindigkeit mal Zeit, allgemein geschrieben als $s = vt$.
Wird also v bei gleichem Weg um 25 % gesteigert, d.h. durch $1,25v$ ersetzt, so muß die Zeit t durch $\frac{1}{1,25}t = 0,8t$ ersetzt werden ($s = vt = 1,25v \cdot \frac{1}{1,25}t$).
Die Zeitersparnis beträgt also 20 %. (Nach der Formel: $\frac{100 \cdot 25}{100+25} = \frac{2500}{125} = 20$)

> Zu wieviel % muß man ein Kapital von 6000€ anlegen, damit es in einem Jahr auf 6500€ anwächst?

Lösung:
$W = G \cdot \frac{p}{100}$, $G = 6000$, $W = 500 \implies \frac{p}{100} = \frac{W}{G} = \frac{500}{6000} = \frac{1}{12}$,
also $p = \frac{100}{12} = 8,33\ldots = 8\frac{1}{3}$.
Es muß ein Zinssatz von $8\frac{1}{3}$ % gewährt werden.

> Ein Kapital bringt bei einem Zinssatz von 3,5 % in einem Jahr 245 € Zinsen. Wie groß war das angelegte Kapital?

Lösung:
$W = G \cdot \frac{p}{100}$, $W = 245$, $p = 3,5 \implies G = \frac{100W}{p} = \frac{100 \cdot 245}{3,5} = \ldots = 7000$.
Es wurden 7000€ angelegt.

> Ein Kapital von 5000€ wird für 4 Jahre zu einem jährlichen Zinssatz von 4,5% angelegt, wobei die Zinsen jeweils am Ende eines Jahres dem Kapital zugeschlagen werden. Welchen Betrag erhält man nach Ablauf der 4 Jahre?

Lösung:
Wir lösen die Aufgabe allgemein für: Kapital K_0, Zinssatz $p\%$, n Jahre.

K_0 wächst bei $p\%$ in einem Jahr auf: $\quad K_1 = K_0 + K_0 \cdot p\% = K_0(1 + \frac{p}{100})$
K_0 wächst bei $p\%$ in zwei Jahren auf: $\quad K_2 = K_1(1 + \frac{p}{100}) = K_0(1 + \frac{p}{100})^2$
und weiter:

K_0 wächst bei $p\%$ in n Jahren auf: $\quad \boxed{\boldsymbol{K_n = K_0(1 + \frac{p}{100})^n} \text{ \textbf{Zinseszinsformel}}}$

Hier: $\quad K_4 = 5000 \cdot (1 + \frac{4,5}{100})^4 \approx 5963$ (siehe Potenzrechnung in 1.5.)
Nach 4 Jahren ist das Kapital auf 5963€ angewachsen.

1.3 Rationale und reelle Zahlen

Als Schreibweise für Zahlen kennen wir die Schreibweise als Brüche, z.B. $\frac{2}{5}$, und die Dezimalschreibweise, z.B. 3,45. Dieser Schreibweise liegt das Dezimalsystem zugrunde, d.h. wir verstehen unter 3,45 die Zahl $3 + \frac{4}{10} + \frac{5}{100}$, also $\frac{345}{100} = \frac{69}{20}$. Umgekehrt erhält man aus $\frac{69}{20}$ die Dezimaldarstellung (den Dezimalbruch) durch schriftliche Division, also:

$$69 : 20 = 3,45$$
$$\underline{60}$$
$$90$$
$$\underline{80}$$
$$100$$
$$\underline{100}$$

Die Brüche liefern dabei genau die abbrechenden und periodischen Dezimalbrüche, denn führt man diese Division für einen beliebigen Bruch $\frac{a}{b}$ durch, so können bei der Division durch b genau $b-1$ paarweise verschiedene Reste auftreten. Die Division ist dann ohne Rest aufgegangen (ergibt also einen abbrechenden Dezimalbruch) oder spätestens beim b-ten Rest tritt eine Wiederholung ein, so dass ein periodischer Dezimalbruch entsteht. Klassisches Beispiel sind die Brüche mit Nenner 7, wo bei der Division alle möglichen 6 Reste $\neq 0$ genau einmal auftreten, z.B.:

$\frac{5}{7} = 5 : 7 = 0,714285\ 714285\ldots = 0,\overline{714285}$

$\underline{0}$
50   Rest 5
$\underline{49}$
10   Rest 1
$\underline{7}$
30   Rest 3
$\underline{28}$
20   Rest 2
$\underline{14}$
60   Rest 6
$\underline{56}$
40   Rest 4
$\underline{35}$
$\boxed{50}$ Rest 5

Außer 0 (die Division geht auf) gibt es genau 6 mögliche Reste $(1,2,3,4,5,6)$, die alle genau einmal auftreten. Beim markierten 7. Rest tritt Rest 5 wieder auf, also wiederholt sich jetzt die Ziffernfolge ab 7 stets. Man liest den Dezimalbruch als: Null Komma Periode 714285.

Bezeichnet man die abbrechenden Dezimalbrüche als Dezimalbrüche mit der Periodenlänge 0, so gilt:
Die Brüche sind genau die periodischen Dezimalbrüche.
Die Menge der positiven und negativen Brüche einschließlich der Null bildet die Menge $\mathbb{Q}$ der rationalen Zahlen.
$\mathbb{Q} := \{\frac{a}{b} \mid a, b \in \mathbb{Z}, b \neq 0\}$ = Menge der periodischen Dezimalbrüche.

Umwandlung der Darstellungen
Bruch → periodischer Dezimalbruch: **Division**
periodischer Dezimalbruch → Bruch: (i) **Elimination der Periode**
(ii) geometrische Reihe (siehe **REP**)

Die Umwandlung eines periodischen Dezimalbruchs in einen Bruch durch Elimination der Periode wird am Beispiel $0,4\overline{17}$ erläutert:
Man setzt $a = 0,4\overline{17}$. Dann ist $100a = 41,7\overline{17}$. (Man multipliziert jeweils mit 10 hoch Periodenlänge, also hier mit $10^2 = 100$.)

$$100a = 41,7\overline{17}$$
$$a = 0,4\overline{17}$$

Subtraktion liefert $\quad 99a = 41,3 \quad$, also $a = \dfrac{41,3}{99} = \dfrac{413}{990}$

Durch den Trick mit der Multiplikation fällt bei der Subtraktion der Ziffern die Periode weg.

Entsprechend folgt z.B. $0,\overline{314} = \dfrac{314}{999}$.

Ein Sonderfall ist die Periode 9:

Umwandlung von $a = 0,\overline{9}$: $\quad \begin{matrix} 10a = 9,\overline{9} \\ a = 0,\overline{9} \end{matrix} \implies 9a = 9$ also $a = 1$

Es ist also $0,\overline{9} = 1$, was auch wie folgt gezeigt werden kann:
$\frac{1}{3} = 0,\overline{3} \implies 1 = 3 \cdot \frac{1}{3} = 3 \cdot 0,\overline{3} = 0,\overline{9}$.

Umwandlung von $a = 2,14\overline{9}$: $\quad \begin{matrix} 10a = 21,49\overline{9} \\ a = 2,14\overline{9} \end{matrix} \implies \begin{matrix} 9a = 19,35 \\ a = 19,35 : 9 = 2,15 \end{matrix}$

Entsprechend folgt z.B. $0,418\overline{9} = 0,419$. Damit gibt es für den Bruch $\frac{419}{1000}$ zwei verschiedene Darstellungen durch einen Dezimalbruch, nämlich $0,419$ und $0,418\overline{9}$. Allgemein gilt:

Die Darstellung eines Bruches durch einen Dezimalbruch ist eindeutig bis auf die Periode 9. $\quad$ Merke: $\boxed{0,\overline{9} = 1}$

Beispiele:

$1,6 \cdot \dfrac{25}{8} = \dfrac{16}{10} \cdot \dfrac{25}{8} = \underline{5}$ $\qquad \dfrac{9}{7} - \dfrac{8}{9} \cdot 2,25 = \dfrac{9}{7} - \dfrac{8}{9} \cdot \dfrac{9}{4} = \underline{-\dfrac{5}{7}}$

$6,3 : 90 = \underline{0,07}$ $\qquad 2,5 - 3 : 0,5 = 2,5 - 6 = \underline{-3,5}$

$\dfrac{5,6 - \frac{8}{5}}{0,04} = \dfrac{\frac{56}{10} - \frac{16}{10}}{\frac{4}{100}} = \dfrac{40}{10} \cdot \dfrac{100}{4} = \underline{100}$ $\qquad \dfrac{\frac{1}{2} - 0,08}{0,4 - \frac{3}{4}} = \ldots = \underline{-1,2}$

$-\dfrac{11}{5} + 0,4 \cdot \dfrac{3}{4} = -\dfrac{11}{5} + \dfrac{4}{10} \cdot \dfrac{3}{4} = \underline{-\dfrac{19}{10}}$

$1,2 \cdot \dfrac{5}{6} + \dfrac{1}{3} \cdot 2,7 = \dfrac{12}{10} \cdot \dfrac{5}{6} + \dfrac{1}{3} \cdot \dfrac{27}{10} = 1 + \dfrac{9}{10} = \underline{\dfrac{19}{10}}$

1.3. RATIONALE UND REELLE ZAHLEN

$\frac{23}{20} = 23 : 20 = 1,15$ $\qquad$ $\frac{21}{13} = 21 : 13 = 1,\overline{615384}$

```
  20              13
  30             ┌──┐
  20             │80│
 100             └──┘
 100              78
                  20
                  13
                  70
                  65
                  50
                  39
                 110
                 104
                  60
                  52
                ┌──┐
                │80│
                └──┘
```

Bei den eingerahmten Resten beginnt die Wiederholung, also ergibt sich die angegebene Periode.

$x = 3,8\overline{3}:$ $\quad 10x = 38,3\overline{3}$ $\quad 9x = 10x - x = 34,5$ $\quad$ also $x = \frac{345}{90} = \frac{23}{6}$

$x = 0,4\overline{60}:$ $\quad 100x = 46,0\overline{60}$ $\quad 99x = 45,6$ $\quad$ also $x = \frac{456}{990} = \frac{76}{165}$

$0,\overline{27} + 0,\overline{3} = \frac{27}{99} + \frac{3}{9} = \frac{60}{99} = \frac{20}{33} = 0,\overline{60}$ $\quad$ oder direkt $\quad$ $0,272727\ldots$
$\phantom{0,\overline{27} + 0,\overline{3} = \frac{27}{99} + \frac{3}{9} = \frac{60}{99} = \frac{20}{33} = 0,\overline{60} \quad \text{oder direkt} \quad\;}+0,333333\ldots$
$\phantom{0,\overline{27} + 0,\overline{3} = \frac{27}{99} + \frac{3}{9} = \frac{60}{99} = \frac{20}{33} = 0,\overline{60} \quad \text{oder direkt} \quad\;}\overline{0,606060\ldots}$

$0,\overline{35} - 0,1\overline{3}:$ $\quad$ direkt $\quad 0,353535\ldots$ $\quad$ also $0,\overline{35} - 0,1\overline{3} = 0,2\overline{20} = \frac{109}{495}$
$\phantom{0,\overline{35} - 0,1\overline{3}: \quad \text{direkt} \quad\;} -0,133333\ldots$
$\phantom{0,\overline{35} - 0,1\overline{3}: \quad \text{direkt} \quad\;\,} \overline{0,220202\ldots}$

$\frac{5}{4} : 1,5 = \frac{5}{4} \cdot \frac{2}{3} = \frac{5}{6}$ $\qquad\qquad$ $\frac{9}{8} : 1,25 = \frac{9}{8} : \frac{5}{4} = \frac{9}{8} \cdot \frac{4}{5} = \frac{9}{10}$

$2 \cdot 0,1\overline{7} = 2 \cdot \frac{16}{90} = \frac{16}{45} = 0,3\overline{5}$ $\quad$ oder $\quad$ $2 \cdot 0,1\overline{7} = 0,1777\ldots \cdot 2 = 0,3555\ldots$

$5 \cdot 3,4\overline{3} = 3,4333\ldots \cdot 5 = 17,1666\ldots = 17,1\overline{6}$

$\frac{0,\overline{32}}{1,\overline{7}} = \frac{32}{99} : \frac{16}{9} = \frac{32}{99} \cdot \frac{9}{16} = \frac{2}{11} = 0,\overline{18}$

$3,\overline{5} : \frac{3}{5} = 3\frac{5}{9} : \frac{3}{5} = \frac{32}{9} \cdot \frac{5}{3} = \frac{160}{27} = 5,92\overline{592}$

Weitere Dezimalbrüche sind nicht-abbrechende, nicht-periodische Dezimalbrüche, wie z.B. $1,01001000100001\ldots$. Diese stellen keine Brüche dar, sondern sog. irrationale Zahlen. Dazu gehören z.B.

$$\begin{aligned} \sqrt{2} &= 1,414214\ldots \quad (\text{nicht periodisch}) \\ \sqrt{3} &= 1,732051\ldots \quad \text{\textit{"}} \\ \pi &= 3,141593\ldots \quad \text{\textit{"}} \\ e &= 2,718282\ldots \quad \text{\textit{"}} \end{aligned}$$

Die rationalen Zahlen (Brüche) und die irrationalen Zahlen bilden zusammen die Menge $\mathbb{R}$ der reellen Zahlen, die im folgenden stets behandelt wird.

1.4 Grundrechenregeln in $\mathbb{R}$

Die wichtigsten Rechenregeln für das Rechnen mit reellen Zahlen sind:

Rechenregeln in $\mathbb{R}$	
für die **Addition**:	
1. $a + b = b + a$	Kommutativgesetz der Add.
2. $(a + b) + c = a + (b + c) = a + b + c$	Assoziativgesetz der Add.
für die **Multiplikation**:	
3. $a \cdot b = b \cdot a$	Kommutativgesetz der Mult.
4. $(a \cdot b) \cdot c = a \cdot (b \cdot c) = abc$	Assoziativgesetz der Mult.
und für beide Rechenoperationen:	
5. $a \cdot (b + c) = a \cdot b + a \cdot c$	Distributivgesetz

Im Distributivgesetz nennt man den Übergang von links nach rechts **Ausmultiplizieren** und den Übergang von rechts nach links **Ausklammern** oder **Faktorisieren**. Das Ausklammern ist der wichtigere Prozeß, da bei der Betrachtung von mathematischen Termen ein Produkt meist aussagekräftiger ist als eine Summe.

Diese Regeln erlauben bei sog. Kettenaufgaben den Verzicht auf Klammersetzung sowie geschicktes Vorgehen beim Rechnen, z.B. :

$$23 - 11 + 17 + 20 - 9 = (23 + 17) + 20 - (11 + 9) = 40$$
$$7 \cdot 8 \cdot 5 \cdot 3 \cdot 4 = 21 \cdot 8 \cdot 20 = 42 \cdot 8 \cdot 10 = 3360$$
$$14 - (-7) + 8 - 4 = 10 + 15 = 25$$

Weitere abgeleitete Regeln, die man sich merken sollte, sind:

6.	$-(a + b) = -a - b$, $-(a - b) = -a + b$
7.	$(a + b)(c + d) = ac + ad + bc + bd$

Zwei Rechenbeispiele:

- $(0{,}7 + \frac{7}{4}) \cdot \frac{5}{7} = \frac{7}{10} \cdot \frac{5}{7} + \frac{7}{4} \cdot \frac{5}{7} = \frac{1}{2} + \frac{5}{4} = \underline{\frac{7}{4}}$
  oder
  $(0{,}7 + \frac{7}{4}) \cdot \frac{5}{7} = (\frac{7}{10} + \frac{7}{4}) \cdot \frac{5}{7} = \frac{49}{20} \cdot \frac{5}{7} = \frac{7}{4}$

- $(0{,}2 \cdot \frac{2}{3} - 4{,}2 : \frac{6}{5}) : (3 - \frac{288}{101}) = (\frac{2}{10} \cdot \frac{2}{3} - \frac{42}{10} \cdot \frac{5}{6}) : \frac{15}{101} = (\frac{2}{15} - \frac{7}{2}) \frac{15}{101}$
  $= -\frac{101}{30} \cdot \frac{15}{101} = \underline{-\frac{1}{2}}$

1.4. GRUNDRECHENREGELN IN $\mathbb{R}$

Im folgenden werden einige Termumformungen mit Hilfe der angegebenen Rechengesetze durchgeführt.

1. Man multipliziere aus:

$-(x - (y - x) - ((x - y) - y)) = -(x - y + x - (x - y) + y) =$
$= -(x - y + x - x + y + y) = -(x + y) = \underline{-x - y}$

$-3(4a - 3(b - 2a - 2(a - 3b))) = -3(4a - 3b + 6a + 6a - 18b) = \underline{-48a - 63b}$

$(-x)(u - v + y - z) = \underline{-xu + xv - xy + xz}$

$-(a - b)(b - a) = -(ab - a^2 - b^2 + ba) = \underline{a^2 - 2ab + b^2}$

$(4x - 7y)(2y - x) = 8xy - 4x^2 - 14y^2 + 7xy = \underline{15xy - 4x^2 - 14y^2}$

$(2x + y - 3z)(4a - 2b) = 2(2x + y - 3z)(2a - b) =$
$= 2(4ax - 2bx + 2ay - by - 6az + 3bz) = \underline{8ax - 4bx + 4ay - 2by - 12az + 6bz}$

2. Man klammere aus:

$3a(2x + y) - 2b(2x + y) = \underline{(2x + y)(3a - 2b)}$

$4a(x - y) + 2b(y - x) = 4a(x - y) - 2b(x - y) = \underline{(x - y)(4a - 2b)}$

$7xy + y - 7xx - x = 7x(y - x) + (y - x) = \underline{(7x + 1)(y - x)}$

3. Man vereinfache:

$(1 - \frac{1}{a}) : (b - \frac{b}{a}) = \frac{a-1}{a} : \frac{ab-b}{a} = \frac{a-1}{ab-b} = \frac{a-1}{b(a-1)} = \underline{\frac{1}{b}}$

$\frac{(2n+1)(2-n)-3n}{(n+1)(n-1)} = \frac{4n+2-2n^2-n-3n}{n^2+n-n-1} = \frac{-2(n^2-1)}{n^2-1} = \underline{-2}$

$\frac{a - \frac{1}{3a}}{1 - \frac{1}{3a}} = \frac{3a^2 - 1}{3a} \cdot \frac{3a}{3a - 1} = \underline{\frac{3a^2 - 1}{3a - 1}}$

$\frac{3d+2}{3d} - \frac{3d}{3d-2} = \frac{(3d+2)(3d-2) - 3d \cdot 3d}{3d(3d-2)} = \frac{9d^2 + 6d - 6d - 4 - 9d^2}{3d(3d-2)}$
$= \frac{-4}{9d^2 - 6d} = \underline{\frac{4}{6d - 9d^2}}$

$\frac{23x-20y}{x-y} + \frac{7x-3y}{y-x} - \frac{8x-9y}{x-y} = \frac{23x-20y-7x+3y-8x+9y}{x-y} = \frac{8x-8y}{x-y} = \underline{8}$

$\frac{30ax+24bx-35ay-28by}{5a+4b} = \frac{6x(5a+4b) - 7y(5a+4b)}{5a+4b} = \underline{6x - 7y}$

$\frac{8+5n}{n+1} - \frac{7a+3}{5a-3} - \frac{36n+15a+27}{5an-3n+5a-3} = \frac{8+5n}{n+1} - \frac{7a+3}{5a-3} - \frac{36n+15a+27}{(5a-3)(n+1)} =$
$= \frac{(8+5n)(5a-3) - (7a+3)(n+1) - 36n - 15a - 27}{(5a-3)(n+1)} =$
$= \frac{18a + 18an - 54n - 54}{(5a-3)(n+1)} = \frac{18(n+1)(a-3)}{(5a-3)(n+1)} = \underline{\frac{18(a-3)}{5a-3}}$

1.5 Potenzrechnung, binomische Formeln

Ist a eine reelle Zahl und n eine natürliche Zahl ≥ 1, so ist

$$a^n := \underbrace{a \cdot a \cdot \ldots \cdot a}_{n \text{ Faktoren } a}.$$

a heißt **Basis**, n heißt **Exponent**. Die Rechenregeln in $\mathbb{R}$ liefern die folgenden Potenzrechengesetze:

Potenzrechengesetze

1. $\boxed{a^n \cdot a^m = a^{n+m}}$

   in Worten: Potenzen mit gleicher Basis werden multipliziert, indem man die gemeinsame Basis mit der **Summe der Exponenten** potenziert.

2. $\boxed{a^n : a^m = \begin{cases} a^{n-m} & \text{falls } n > m \\ \frac{1}{a^{m-n}} & \text{falls } m > n \\ 1 & \text{falls } m = n \end{cases}}$

   Potenzen mit gleicher Basis werden multipliziert, indem man die gemeinsame Basis mit der **Differenz der Exponenten** potenziert. (siehe dazu weiter unten (2))

3. $\boxed{(a^n)^m = a^{nm}}$

   Potenzen werden potenziert, indem man die Basis mit dem **Produkt der Exponenten** potenziert.

4. $\boxed{a^n \cdot b^n = (ab)^n}$

   Potenzen mit gleichen Exponenten werden multipliziert, indem man das **Produkt der Basen** mit dem gemeinsamen Exponenten potenziert.

5. $\boxed{\dfrac{a^n}{b^n} = \left(\dfrac{a}{b}\right)^n}$

   Potenzen mit gleichen Exponenten werden dividiert, indem man den **Quotienten der Basen** mit dem gemeinsamen Exponenten potenziert.

---

z.B. $5^3 \cdot 5^2 \cdot 5^5 = 5^{10}$, $2^3 : 3^5 = \frac{2^3}{2^5} = \frac{1}{2^2}$, $(7^3)^2 = 7^6$, $(\frac{1}{2})^3 \cdot 2^3 = (\frac{1}{2} \cdot 2)^3 = 1$

Ferner definiert man $\boxed{a^0 := 1 \quad \text{und} \quad a^{-n} = \dfrac{1}{a^n}}$

z.B. $2^{-2} = \frac{1}{2^2} = \frac{1}{4}$, $(\frac{1}{3})^{-1} = \frac{1}{\frac{1}{3}} = 3$, $(\frac{2}{3})^{-3} = (\frac{3}{2})^3 = \frac{27}{8}$.

Damit sind Potenzen mit ganzzahligen Exponenten definiert und für alle diese Potenzen gelten ebenfalls die angegebenen Potenzrechengesetze, wobei man die Regel 2 jetzt einfach durch $\boxed{2. \quad a^n : a^m = a^{n-m}}$ ersetzen kann.

1.5. POTENZRECHNUNG, BINOMISCHE FORMELN

Beispiele: $3^{-3} \cdot 3^4 \cdot 3^{-1} = 3^{-3+4-1} = 3^0 = 1$, $(2^{-2})^{-3} = 2^6 = 64$
$(\frac{2}{5})^{-2} \cdot (\frac{1}{2})^{-2} = (\frac{1}{5})^{-2} = 5^2 = 25$, $\frac{3^{-2}}{3^3} = 3^{-2-3} = 3^{-5} = \frac{1}{3^5} = \frac{1}{243}$

Die nächste Erweiterung auf Potenzen mit rationalzahligen Exponenten geschieht über Wurzeln. Zunächst gilt der folgende

Satz Ist a eine **nicht negative Zahl** und n eine natürliche Zahl ≥ 1, so gibt es genau eine nicht negative Zahl b, deren n-te Potenz a ist, für die also $b^n = a$ gilt.

Schreibweise: $b = \sqrt[n]{a}$, gelesen: n-te Wurzel aus a.
Statt $\sqrt[2]{a}$ schreibt man $\sqrt{a}$, gelesen: Wurzel aus a.
Für die n-te Wurzel $\sqrt[n]{a}$ benutzt man auch die Potenzschreibweise $a^{\frac{1}{n}}$ und man setzt:

$$\boxed{a^{\frac{m}{n}} := \sqrt[n]{a^m} \text{ für } n \in \mathbb{N} \text{ und } m \in \mathbb{Z} \quad \text{also} \quad (\sqrt[n]{a})^n = \sqrt[n]{a^n} = a}$$

z.B. $2^{\frac{1}{2}} = \sqrt{2}$, $2^{\frac{3}{2}} = \sqrt{2^3}$, $2^{-\frac{5}{4}} = \frac{1}{2^{\frac{5}{4}}} = \frac{1}{\sqrt[4]{2^5}}$.

Damit sind Potenzen mit rationalzahligen Exponenten definiert. Die obigen Potenzrechengesetze gelten für alle Potenzen mit rationalzahligen Exponenten. Sie liefern die folgenden **Wurzelgesetze**:

Wurzelgesetze

1. $\sqrt[n]{a} \cdot \sqrt[m]{a} = \sqrt[nm]{a^{n+m}}$, denn $\sqrt[n]{a} \cdot \sqrt[m]{a} = a^{\frac{1}{n}} \cdot a^{\frac{1}{m}} = a^{\frac{1}{n}+\frac{1}{m}} = a^{\frac{n+m}{nm}}$

2. $\sqrt[n]{a} : \sqrt[m]{a} = \sqrt[nm]{a^{m-n}}$, denn $\sqrt[n]{a} : \sqrt[m]{a} = a^{\frac{1}{n}} : a^{\frac{1}{m}} = a^{\frac{1}{n}-\frac{1}{m}} = a^{\frac{m-n}{nm}}$

3. $\sqrt[m]{\sqrt[n]{a}} = \sqrt[nm]{a}$, denn $(a^{\frac{1}{n}})^{\frac{1}{m}} = a^{\frac{1}{nm}}$

4. $\sqrt[n]{a} \cdot \sqrt[n]{b} = \sqrt[n]{ab}$, denn $a^{\frac{1}{n}} \cdot b^{\frac{1}{n}} = (ab)^{\frac{1}{n}}$

5. $\frac{\sqrt[n]{a}}{\sqrt[n]{b}} = \sqrt[n]{\frac{a}{b}}$, denn $\frac{a^{\frac{1}{n}}}{b^{\frac{1}{n}}} = (\frac{a}{b})^{\frac{1}{n}} = \sqrt[n]{\frac{a}{b}}$ speziell: $\sqrt[n]{\frac{1}{a}} = \frac{1}{\sqrt[n]{a}}$

Beispiele: $\sqrt{2} \cdot \sqrt{8} = \sqrt{16} = 4$, $\frac{\sqrt[3]{81}}{\sqrt[3]{3}} = \sqrt[3]{\frac{81}{3}} = \sqrt[3]{27} = 3$

$\sqrt{\sqrt{5}} = \sqrt[4]{5}$, $\sqrt[3]{4} \cdot \sqrt[5]{4} = \sqrt[15]{4^8} = \sqrt[15]{2^{16}} = \sqrt[15]{2^{15} \cdot 2} = \sqrt[5]{2^{15}} \cdot \sqrt[15]{2} = 2\sqrt[15]{2}$

Rationalmachen des Nenners

$\frac{1}{\sqrt{2}} = \frac{1}{\sqrt{2}} \cdot \frac{\sqrt{2}}{\sqrt{2}} = \frac{1}{2}\sqrt{2}$ erweitert mit $\sqrt{2}$

Wichtig!

$\frac{1}{\sqrt[3]{5^2}} = \frac{1}{\sqrt[3]{5^2}} \cdot \frac{\sqrt[3]{5}}{\sqrt[3]{5}} = \frac{1}{5}\sqrt[3]{5}$ erweitert mit $\sqrt[3]{5}$

Beispiele: Man vereinfache

$\frac{2^5 \cdot 2^8}{2^{10}} = \frac{2^{13}}{2^{10}} = 2^3 = \underline{8}$
$\qquad \frac{5^3 \cdot 5^{-7}}{5^{-2} \cdot 5} = \frac{5^{-4}}{5^{-1}} = 5^{-4-(-1)} = 5^{-3} = \underline{\frac{1}{125}}$

$(-\frac{3}{2})^2 - (-\frac{1}{2})^3 = \frac{9}{4} - (-\frac{1}{8}) = \underline{\frac{19}{8}} \quad (-\frac{2}{3})^3 - (-\frac{3}{2})^3 = -\frac{8}{27} - (-\frac{27}{8}) = \underline{\frac{665}{216}}$

$10^2 \cdot (2\sqrt{5})^{-3} \cdot 5^{0,5} = \frac{10^2 \cdot \sqrt{5}}{2^3 \cdot (\sqrt{5})^3} = \frac{2^2 \cdot 5^2 \cdot \sqrt{5}}{2^3 \cdot 5 \cdot \sqrt{5}} = \underline{\frac{5}{2}}$

$\sqrt[3]{2} \cdot \sqrt{5} \cdot \sqrt[3]{4} \cdot \sqrt{15} = \sqrt[3]{8} \cdot \sqrt{5} \cdot \sqrt{5} \cdot \sqrt{3} = 2 \cdot 5 \sqrt{3} = \underline{10\sqrt{3}}$

$(\sqrt[5]{4} \cdot \sqrt[3]{16} \cdot \sqrt{2}) : \sqrt[30]{2^7} = (\sqrt[5]{2^2} \cdot \sqrt[3]{2^4} \cdot \sqrt{2}) : \sqrt[30]{2^7} = 2^{\frac{2}{5}} \cdot 2^{\frac{4}{3}} \cdot 2^{\frac{1}{2}} \cdot 2^{-\frac{7}{30}} =$
$= 2^{\frac{2}{5}+\frac{4}{3}+\frac{1}{2}-\frac{7}{30}} = 2^{\frac{12+40+15-7}{30}} = 2^{\frac{60}{30}} = 2^2 = \underline{4}$

$(2^{-4})^2 : (2^{-3} : (2^{-2})^{-1}) = 2^{-8} : (2^{-3} : 2^2) = 2^{-8} : 2^{-5} = 2^{-3} = \underline{\frac{1}{8}}$

$(\frac{2}{3}ab)^3 = \underline{\frac{8}{27}a^3b^3} \qquad \frac{x^2y^2}{ab} : \frac{xy^{-1}}{a^3b} = \frac{x^2y^2 a^3 b}{abxy^{-1}} = \underline{a^2xy^3}$

$\sqrt[3]{\frac{64p^2}{r^3}} \cdot \sqrt{20,25r^2} = \frac{4\sqrt[3]{p^2}}{r} \cdot r \cdot 4,5 = \underline{18\sqrt[3]{p^2}} \quad ((a^2b^{-3})^{-2})^4 = (a^{-4}b^6)^4 = \underline{\frac{b^{24}}{a^{16}}}$

$\frac{a^{-2}+a^{-3}}{a^{-5}+a^{-6}} = \frac{a^{-3}(a+1)}{a^{-6}(a+1)} = \underline{a^3} \qquad \frac{a^2 - a^{-2}b^2}{b^2 - (\frac{b}{a})^4} = \frac{a^2(1-a^{-4}b^2)}{b^2(1-b^2a^{-4})} = \underline{\frac{a^2}{b^2}}$

Beim Rechnen mit Potenzen sind die **binomischen Formeln** wichtig:

Binomische Formeln
$(a+b)^2 = a^2 + 2ab + b^2 \quad (a-b)^2 = a^2 - 2ab + b^2 \quad (a+b)(a-b) = a^2 - b^2$
$(a+b)^n = a^n + \binom{n}{1}a^{n-1}b + \binom{n}{2}a^{n-2}b^2 + \ldots + \binom{n}{n-1}ab^{n-1} + b^n$

Dabei sind $\binom{n}{k}$ die sog. **Binomialkoeffizienten** (lies n über k), definiert für natürliche Zahlen n, k mit $0 \leq k \leq n$ durch $\binom{n}{k} := \frac{n!}{k!(n-k)!}$, wobei $0! := 1$ und $k! := 1 \cdot 2 \cdots k$ ($k!$ lies: k-Fakultät).

Beispiele zur Berechnung von Binomialkoeffizienten:

$\binom{6}{2} = \frac{6!}{2! \cdot 4!} = \frac{6 \cdot 5}{1 \cdot 2} = 15$, $\binom{7}{5} = \frac{7!}{5! \cdot 2!} = \frac{7!}{2! \cdot 5!} = \binom{7}{2} = \frac{7 \cdot 6}{1 \cdot 2} = 21$

Allgemein gilt: $\binom{n}{k} = \frac{n \cdot (n-1) \cdots (n-k+1)}{k!}$, z.B $\binom{8}{3} = \frac{8 \cdot 7 \cdot 6}{1 \cdot 2 \cdot 3} = 56$.

Formeln für die Binomialkoeffizienten
$\binom{n}{k} = \binom{n}{n-k} \qquad \binom{n+1}{k} = \binom{n}{k} + \binom{n}{k-1}$ (Rekursionsformel)

1.5. POTENZRECHNUNG, BINOMISCHE FORMELN

Beispiele: Anwendungen der binomischen Formeln

$\frac{6(a-b)^2}{7(a+b)} : \frac{9(a-b)^3}{14(a+b)^2} = \frac{6(a-b)^2 \cdot 14(a+b)^2}{7(a+b) \cdot 9(a-b)^3} = \frac{4}{3} \cdot \frac{a+b}{a-b}$

$(2a+5b)^2 = \underline{4a^2 + 20ab + 25b^2}$ $\qquad (3a-4b)^2 = \underline{9a^2 - 24ab + 16b^2}$

$\frac{16r^2-s^2}{(4r-s)r} - \frac{3s+rs}{r(3+r)} = \frac{(4r-s)(4r+s)}{(4r-s)r} - \frac{s(3+r)}{r(3+r)} = \frac{4r+s}{r} - \frac{s}{r} = \underline{4}$

$\frac{4a-4b}{7a+7b} : \frac{12a^2-24ab+12b^2}{63a^2-63b^2} = \frac{4(a-b) \cdot 63(a+b)(a-b)}{7(a+b) \cdot 12(a-b)^2} = \underline{3}$

$\frac{x^2-y^2}{(y-x)x} + \frac{y^2-x^2}{(y+x)x} = \frac{(x^2-y^2)(y+x)+(y^2-x^2)(y-x)}{(y-x)(y+x)\,x}$

$\qquad = \frac{(y^2-x^2)((-1)(y+x)+y-x)}{(y^2-x^2)\,x} = \frac{-2x}{x} = \underline{-2}$

$\frac{a-b}{a+b} : \frac{a^2-b^2}{(a+b)^2} = \frac{(a-b)(a+b)^2}{(a+b)(a+b)(a-b)} = \underline{1}$

$(a+b)^4 = \underline{a^4 + 4a^3b + 6a^2b^2 + 4ab^3 + b^4}$ $\qquad$ siehe 5. Zeile PASCAL-Dreieck

Im PASCALschen Dreieck können Binomialkoeffizienten $\binom{n}{k}$ für kleine n und k leicht berechnet werden.

Pascalsches Dreieck

Binomialkoeffizienten $\binom{n}{k}$ $\qquad\qquad\qquad\qquad$ ausgerechnet

$$
\begin{array}{c}
\binom{0}{0} \\
\binom{1}{0}\ \binom{1}{1} \\
\binom{2}{0}\ \binom{2}{1}\ \binom{2}{2} \\
\binom{3}{0}\ \binom{3}{1}\ \binom{3}{2}\ \binom{3}{3} \\
\binom{4}{0}\ \binom{4}{1}\ \binom{4}{2}\ \binom{4}{3}\ \binom{4}{4} \\
\binom{5}{0}\ \binom{5}{1}\ \binom{5}{2}\ \binom{5}{3}\ \binom{5}{4}\ \binom{5}{5} \\
\vdots \qquad \vdots
\end{array}
\qquad
\begin{array}{c}
1 \\
1\ \ 1 \\
\mathbf{1\ \ 2\ \ 1} \\
1\ \ 3\ \ 3\ \ 1 \\
1\ \ 4\ \ 6\ \ 4\ \ 1 \\
1\ \ 5\ \ 10\ \ 10\ \ 5\ \ 1 \\
1\ \ 5\ \ 15 + 20\ \ 15\ \ 5\ \ 1 \\
1\ \ 7\ \ 21\ \ 35\ \ 35\ \ 21\ \ 7\ \ 1 \\
1\ \ 8\ \ 28\ \ 56\ \ 70\ \ 56\ \ 28\ \ 8\ \ 1
\end{array}
$$

$(a+b)^2 = \mathbf{1}a^2 + \mathbf{2}ab + \mathbf{1}b^2$

Das Berechnungsschema ist angedeutet: $\qquad 35 = \binom{7}{3} = \binom{6}{2} + \binom{6}{3} = 15 + 20$
Die auf der vorigen Seite angegebene Rekursionsformel ergibt genau das Berechnungsschema für die Zahlen im PASCAL-Dreieck.

1.6 Logarithmen

Betrachten wir die Gleichung $a^b = c$ mit geeignet gewählten Variablen. Sind a, b gegeben, so ergibt sich c durch Potenzrechnung. Sind b, c gegeben, so ergibt sich a durch Wurzelziehen (Radizieren) zu $a = \sqrt[b]{c}$.
Sind a, c gegeben, so ergibt sich b durch sog. **Logarithmieren**; man schreibt $b = \log_a c$ (lies: b gleich Logarithmus von c zur Basis a). Exakt gilt also folgender grundlegender Zusammenhang:

$$\log_a c = b \iff a^b = c \quad (a > 0, a \neq 1, c > 0)$$
$$\iff a^{\log_a c} = c$$

in Worten: Der Logarithmus von c zur Basis a ist derjenige Exponent b, mit dem man a potenzieren muß, um c zu erhalten.

Beispiele:
$\log_2 8 = 3$, da $2^3 = 8$, $\qquad \log_5 25 = 2$, da $5^2 = 25$
$\log_3 \frac{1}{3} = -1$, da $3^{-1} = \frac{1}{3}$, $\qquad \log_5 \sqrt{5} = \frac{1}{2}$, da $5^{\frac{1}{2}} = \sqrt{5}$
$\log_{\frac{1}{2}} 1024 = -10$, da $(\frac{1}{2})^{-10} = 1024$, $\qquad \log_7 1 = 0$, da $7^0 = 1$
Man berechne jeweils x:

$\log_{\frac{1}{3}} 81 = x \iff (\frac{1}{3})^x = 81 \iff x = -4 \qquad$ Logarithmieren

$\log_2 x = -3 \iff 2^{-3} = x \iff x = \frac{1}{8} \qquad$ Potenzieren

$\log_x 9 = \frac{1}{2} \iff x^{\frac{1}{2}} = 9 \iff x = \sqrt{9} = 3 \qquad$ Radizieren

Ist die Basis a die Zahl 10, so schreibt man gelegentlich noch $\log_{10} c =: \lg c$, ist die Basis a die EULERsche Zahl $e = 2,718281\ldots$, so schreibt man $\log_e c =: \ln c$ und nennt ln den **natürlichen Logarithmus**.
Für das Rechnen mit Logarithmen (Exponenten) gelten die folgenden Gesetze:

Logarithmengesetze

$\log_a xy = \log_a x + \log_a y \qquad \log_a \frac{x}{y} = \log_a x - \log_a y \qquad \log_a x^r = r \log_a x$

$\log_a x = \frac{\log_b x}{\log_b a} \qquad$ speziell $\qquad \log_a x = \frac{\ln x}{\ln a} \qquad (*)$

$a^{\log_a x} = x \qquad$ speziell $\qquad e^{\ln x} = x \qquad$ für $x > 0$

Insbesondere das Gesetz $(*)$ ist beim Umgang mit Taschenrechnern sehr wichtig, da auf Taschenrechnern meist nur der natürliche Logarithmus abrufbar ist und daher z.B. $\log_7 5$ nur über $\log_7 5 = \frac{\ln 5}{\ln 7}$ mit dem Taschenrechner berechnet werden kann.
Bei den folgenden Beispielen wird häufig das folgende Gesetz benutzt:

Für $a > 0, a \neq 1$ gilt: $\quad a^{t_1} = a^{t_2} \iff t_1 = t_2$

Eine Begründung hierfür findet man in Abschnitt 4.4.

1.6. LOGARITHMEN

Beispiele:

$\log_{\frac{1}{2}} 8 = x \quad \iff \quad (\frac{1}{2})^x = 8 \iff \underline{x = -3}$

$\log_2 \sqrt[3]{16} = x \quad \iff \quad 2^x = \sqrt[3]{16} \iff 2^x = 2^{\frac{4}{3}} \iff \underline{x = \frac{4}{3}}$

$\log_2 \sqrt[10]{4^7} = x \quad \iff \quad 2^x = 4^{\frac{7}{10}} \iff 2^x = (2^2)^{\frac{7}{10}} \iff \underline{x = \frac{7}{5}}$

$\log_{10} \frac{1}{10^5} = x \quad \iff \quad 10^x = \frac{1}{10^5} \iff \underline{x = -5}$

$\log_{\frac{1}{2}} \sqrt[7]{1024} = x \quad \iff \quad (\frac{1}{2})^x = \sqrt[7]{1024} \iff 2^{-x} = 2^{\frac{10}{7}} \iff \underline{x = -\frac{10}{7}}$

$\log_{\frac{2}{3}} \sqrt{\frac{8}{27}} = x \quad \iff \quad (\frac{2}{3})^x = \sqrt{\frac{8}{27}} \iff (\frac{2}{3})^x = (\frac{2^3}{3^3})^{\frac{1}{2}}$

$\qquad \qquad \qquad \iff \quad (\frac{2}{3})^x = (\frac{2}{3})^{\frac{3}{2}} \iff \underline{x = \frac{3}{2}}$

Gegeben sind $\ln 2 = 0{,}69\ldots$, $\ln 3 = 1{,}10\ldots$, und $\ln 5 = 1{,}61\ldots$.
Damit kann man z.B. berechnen:

$\ln 6 = \ln 2 \cdot 3 = \ln 2 + \ln 3 = 1{,}79\ldots \qquad \ln 9 = 2\ln 3 = 2{,}20\ldots$

$\ln 75 = \ln 3 \cdot 25 = \ln 3 + 2\ln 5 = 4{,}32\ldots$

$\ln 81 = \ln 3^4 = 4\ln 3 = 4{,}40\ldots$

$\ln 1000 = \ln 10^3 = 3\ln 10 = 3(\ln 2 + \ln 5) = 6{,}90\ldots$

$\ln \frac{2}{3} = \ln 2 - \ln 3 = -0{,}41\ldots \qquad \ln 2{,}5 = \ln \frac{5}{2} = \ln 5 - \ln 2 = 0{,}92\ldots$

$\ln \frac{1}{1000} = -\ln 1000 = -6{,}90\ldots \qquad \ln \frac{4}{9} = \ln(\frac{2}{3})^2 = 2\ln \frac{2}{3} = -0{,}82\ldots$

$\ln \sqrt{5} = \frac{1}{2}\ln 5 = 0{,}85\ldots \qquad \ln \sqrt[3]{15} = \frac{1}{3}(\ln 3 + \ln 5) = 0{,}90\ldots$

Mit dem Taschenrechner erhält man:

$\log_5 7 = \frac{\ln 7}{\ln 5} = 1{,}21\ldots \qquad \log_2 30 = \frac{\ln 30}{\ln 2} = 4{,}91\ldots$

$\log_8 \frac{3}{7} = \frac{\ln 3 - \ln 7}{\ln 8} = -0{,}41\ldots \qquad \log_{10} \mathrm{e} = \frac{\ln \mathrm{e}}{\ln 10} = \frac{1}{\ln 10} = 0{,}43\ldots$

Folgende Terme lassen sich mit den Logarithmengesetzen vereinfachen:

$\log_2 8 + \log_2 4 - \log_2 16 = \log_2 \frac{8 \cdot 4}{16} = \log_2 2 = 1$

$\log_7 14 - \log_7 4 + \log_7 6 = \log_7 \frac{14 \cdot 6}{4} = \log_7 3 \cdot 7 = 1 + \log_7 3 = 1{,}56\ldots$

$\ln(3\mathrm{e})^2 - \ln 9 = \ln \frac{3^2 \mathrm{e}^2}{9} = \ln \mathrm{e}^2 = 2$

$\ln \sqrt[3]{5} + \ln \sqrt{2} - \ln \sqrt{10} = \frac{1}{3}\ln 5 + \frac{1}{2}\ln 2 - \frac{1}{2}\ln 2 - \frac{1}{2}\ln 5 = -\frac{1}{6}\ln 5 = -0{,}27\ldots$

$\lg \frac{\sqrt{a} \cdot \sqrt[3]{b^2}}{\sqrt[5]{c^4}} - 4\lg \frac{\sqrt{a}}{\sqrt[3]{b} \cdot \sqrt[5]{c}} = \lg \frac{\sqrt{a} \cdot \sqrt[3]{b^2}}{\sqrt[5]{c^4}} - \lg(\frac{\sqrt{a}}{\sqrt[3]{b} \cdot \sqrt[5]{c}})^4 =$

$= \lg \frac{a^{\frac{1}{2}} \cdot b^{\frac{2}{3}}}{c^{\frac{4}{5}}} - \lg \frac{a^2}{b^{\frac{4}{3}} \cdot c^{\frac{4}{5}}} = \lg(\frac{a^{\frac{1}{2}} \cdot b^{\frac{2}{3}}}{c^{\frac{4}{5}}} \cdot \frac{b^{\frac{4}{3}} \cdot c^{\frac{4}{5}}}{a^2}) = \lg \frac{b^2}{a^{\frac{3}{2}}} = 2\lg b - \frac{3}{2}\lg a$

1.7 Dualsystem

Üblicherweise werden reelle Zahlen im **Dezimalsystem** dargestellt. Man benutzt **10** verschiedene Ziffern $0, 1, 2, 3, 4, 5, 6, 7, 8, 9$ zur Darstellung von Zahlen und ordnet den Ziffern Potenzen von 10 gemäß ihrer Stellung in der Zahl zu (man spricht von Stellenwertsystem), also z.B.
$$625,47 = 6 \cdot 10^2 + 2 \cdot 10^1 + 5 \cdot 10^0 + 4 \cdot 10^{-1} + 7 \cdot 10^{-2}.$$
Beim **Dualsystem**[1] benutzt man nur die Ziffern 0 und 1 und ordnet den Ziffern Potenzen von **2** gemäß ihrer Stellung in der Zahl zu, also z.B.

$10110,011 \quad = \quad 1 \cdot 2^4 + 0 \cdot 2^3 + 1 \cdot 2^2 + 1 \cdot 2^1 + 0 \cdot 2^0 + 0 \cdot 2^{-1} + 1 \cdot 2^{-2} + 1 \cdot 2^{-3}$
$\text{dezimal} \quad = \quad 16 + 4 + 2 + \frac{1}{4} + \frac{1}{8} = 22,375$

Die Ziffern bedeuten hier also vom Komma nach links die Einer, Zweier, Vierer, Achter, usw. und nach rechts die Halben, Viertel, Achtel, usw.

dezimal	1	2	3	4	5	6	7	8
dual	1	10	11	100	101	110	111	1000

Einige Beispiele zum Rechnen im Dualsystem:

1. **Umrechnung: dual – dezimal**   (entsprechend der Definition)
   $1110111_2 = 1 \cdot 2^6 + 1 \cdot 2^5 + 1 \cdot 2^4 + 0 \cdot 2^3 + 1 \cdot 2^2 + 1 \cdot 2^1 + 1 \cdot 2^0 = 64+32+16+4+2+1 = 119_{10}$
   (Der Index gibt das Zahlensystem an, in dem die Zahl dargestellt ist.)

2. **Umwandlung: dezimal – dual**
   $98_{10} = 64 + 32 + 2 + 1 = 1 \cdot 2^6 + 1 \cdot 2^5 + 0 \cdot 2^4 + 0 \cdot 2^3 + 0 \cdot 2^2 + 1 \cdot 2^1 + 0 \cdot 2^0 = 1100010_2$
   Man schreibe die Dezimalzahl als Summe von Zweierpotenzen. Diese Darstellung läßt sich durch den folgenden Algorithmus gewinnen (fortgesetzte Division durch 2, bzw. Multiplikation mit 2):

$98 = 2 \cdot 49 + 0$	$0,8 \cdot 2 = 0,6 + 1$	Also: $98_{10} = 1100010_2$
$49 = 2 \cdot 24 + 1$	$0,6 \cdot 2 = 0,2 + 1$	$0,8_{10} = 0,\overline{1100}_2$
$24 = 2 \cdot 12 + 0$	$0,2 \cdot 2 = 0,4 + 0$	Beim linken Beispiel liest
$12 = 2 \cdot 6 \; + 0$	$0,4 \cdot 2 = 0,8 + 0$	man die Ziffern von unten
$6 = 2 \cdot 3 \; + 0$	$0,8 \cdot 2 = 0,6 + 1$	nach oben, beim rechten von
$3 = 2 \cdot 1 \; + 1$	Wiederholung,	oben nach unten, um das Er-
$1 = 2 \cdot 0 \; + 1$	also periodisch	gebnis zu erhalten.

3. **Addition von Dualzahlen**
   Beim Addieren im Dualsystem ist $1+1 = 10$ zu beachten. Das führt bei der schriftlichen Addition häufig zu Überträgen, die in mehreren Spalten zu berücksichtigen sind, z.B.:

   ```
          1011
          1111
          1011
             1
            10
            10
        ──────
        100101
   ```
   Bei der Addition der drei Zahlen (die ersten drei Zeilen) ergibt die Addition in der letzten Spalte $3_{10} = 11_2$. Daher die 1 in der 4. Zeile als Übertrag. Die Addition in der vorletzten Spalte ergibt dann $4_{10} = 100_2$. Daher 0 in der Ergebniszeile und der Übertrag 10, usw. (dezimal: $11 + 15 + 11 = 37$).

---

[1] Das Dualsystem wird vorwiegend in der Elektrotechnik und der Datenverarbeitung benutzt.

Kapitel 2

Gleichungen und Ungleichungen

> Eine **Gleichung** (**Ungleichung**) in einer Variablen ist eine Gleichung (Ungleichung) zwischen Termen, in denen neben Konstanten genau eine Variable vorkommt
>
> **Beispiele**: $\quad 2x+5 = 4x-7 \qquad x^2 + \dfrac{1}{x} = 0 \qquad \dfrac{2x+1}{x-1} > 0$

Unter dem Lösen einer Gleichung (Ungleichung) versteht man das Bestimmen aller reellen Zahlen, die für die Variable eingesetzt eine wahre Aussage ergeben. Alle diese Elemente bilden die sog. **Lösungsmenge** L der Gleichung (Ungleichung). Zur Bestimmung von L formt man die Gleichung (Ungleichung) äquivalent um und bringt sie dadurch auf eine einfachere Form, an der man genau die reellen Zahlen erkennt, die bei Einsetzung in die Gleichung eine wahre Aussage ergeben.
Äquivalente Umformungen sind Veränderungen der Gleichung (Ungleichung), die die Lösungsmenge nicht ändern.

2.1 Lineare Gleichungen

Lineare Gleichungen sind Gleichungen der Form

$$ax + b = 0 \quad (a, b \in \mathbb{R} \text{ gegeben})$$

und alle diejenigen Gleichungen, die sich durch äquivalente Umformungen auf diese Form bringen lassen. Die wichtigsten äquivalenten Umformungen einer Gleichung sind:

Äquivalente Umformungen einer Gleichung

0. Man darf beide Seiten der Gleichung vertauschen.
   $a = b \iff b = a$
1. Auf beiden Seiten darf dasselbe $c \in \mathbb{R}$ addiert werden.
   $a = b \iff a + c = b + c$
2. Beide Seiten dürfen mit demselben $c \neq 0$ multipliziert werden.
   $a = b$ und $c \neq 0 \iff ac = bc$

Mit diesen Umformungen löst man z.B. die obige Gleichung $2x + 5 = 4x - 7$ wie folgt:

$$\begin{array}{rrcll}
 & 2x + 5 &=& 4x - 7 & \,|\, +7 \\
\iff & 2x + 12 &=& 4x & \,|\, -2x \text{ und Seitenvertauschung} \\
\iff & 2x &=& 12 & \,|\, \cdot \tfrac{1}{2} \\
\iff & x &=& 6 &
\end{array}$$

Lösungsmenge dieser Gleichung ist also $L = \{6\}$.
Man begnügt sich aber häufig mit der letzten Zeile $x = 6$ als Angabe der Lösung und verzichtet auf die Schreibweise $L = \{6\}$. Ferner verzichtet man häufig auf das Schreiben der Äquivalenzzeichen $\iff$. Nach dem Lösen einer Gleichung kann man eine **Probe** machen, indem man die berechneten Werte für die Variable in die Gleichung einsetzt und testet, ob eine wahre Aussage entsteht; beim obigen Beispiel: $12 + 5 = 24 - 7$ (stimmt!).
Viele durch Text gestellte Aufgaben - also Anwendungsprobleme - führen auf lineare Gleichungen, z.B. klassische Dreisatzaufgaben wie:

30 Liter Benzin kosten 42 Euro. Wie teuer sind 50 Liter Benzin?

Lösung (Dreisatz):
1. Bekannt ist: 30 Liter Benzin kosten 42 Euro.
2: Es folgt: 1 Liter Benzin kostet $\frac{42}{30}$ Euro.
3. Also: 50 Liter Benzin kosten $x = 50 \cdot \frac{42}{30}$ Euro $= 5 \cdot 14$ € $= 70$ € .

Ein Fahrzeug legt bei einer Geschwindigkeit von 90 km/h eine gewisse Strecke in 3 Stunden 20 Minuten zurück. Wie schnell muß es fahren, um in 3 Stunden am Ziel zu sein?

Lösung:

Bei x km/h werden in 3 Stunden $3x$ km zurückgelegt.
Bei 90 km/h werden in 3 Stunden 20 Minuten $90 \cdot 3\tfrac{1}{3}$ km zurückgelegt.
Also: $3x = 90 \cdot \frac{10}{3}$, d.h. $x = \frac{90 \cdot 10}{3 \cdot 3} = 100$.
Man muß 100 km/h fahren, um die Strecke in 3 Stunden zu schaffen.

Etwas komplizierter ist die Lösung der folgenden Aufgabe, an der die generelle Vorgehensweise bei der Lösung solcher Aufgaben erläutert wird.

2.1. LINEARE GLEICHUNGEN

> Ein Wasserrohr füllt eine Tonne in 18 Minuten, ein anderes Rohr füllt die Tonne in 12 Minuten. Wie lange dauert die Füllung, wenn beide Rohre gleichzeitig Wasser liefern?

Lösung: Vorgehensweise bei der Lösung der Aufgabe:
1. Man stelle fest, wonach gesucht wird und führe eine geeignete Variable ein; hier:
   Beide Rohre füllen die Tonne in x Minuten.
2. Aus dem Text stelle man eine Gleichung mit der Variablen auf; hier:
   Das erste Rohr füllt die Tonne in einer Minute zu $\frac{1}{18}$, das zweite Rohr füllt die Tonne in einer Minute zu $\frac{1}{12}$.
   Beide Rohre zusammen füllen die Tonne in einer Minute zu $\frac{1}{18} + \frac{1}{12} = \frac{5}{36}$, in x Minuten also zu $\frac{5}{36} \cdot x$.
   Das liefert die Gleichung $\frac{5}{36}x = 1$. Es folgt $x = \frac{36}{5}$.

Beide Rohre zusammen brauchen also $\frac{36}{5}$ Minuten, d.h. 7 Minuten und 12 Sekunden.

Lineare Gleichungen treten auch bei Aufgaben auf, die im Zusammenhang mit Mittelwertbildungen stehen.

Mittelwerte

Für $a, b \in \mathbb{R}$ heißt $x = \dfrac{a+b}{2}$ **arithmetisches Mittel** von a und b.
Sind noch "Gewichte" A und B gegeben, so heißt
$\dfrac{Aa+Bb}{A+B}$ **gewichtetes Mittel** (Schwerpunkt).

Allgemein: $\dfrac{a_1+a_2+\ldots+a_n}{n}$ arithmetisches Mittel

$\dfrac{A_1a_1+A_2a_2+\ldots+A_na_n}{A_1+A_2+\ldots+A_n}$ gewichtetes Mittel

---

Anwendungen:
- Gesucht ist eine Zahl x, so dass 10 das arithmetische Mittel von 4 und 7 und x ist.
  Also: $\dfrac{4+7+x}{3} = 10 \iff 4+7+x = 30 \iff x = 19$
  Die gesuchte Zahl ist 19.

- Auf der x-Achse liegt bei 3 eine Last $L_1 = 80$. Welche Last L_2 muß bei 8 liegen, damit der gemeinsame Schwerpunkt bei 6 liegt?
  Ansatz mit dem gewichteten Mittel:
  $$\dfrac{80 \cdot 3 + L_2 \cdot 8}{80 + L_2} = 6 \iff 240 + 8L_2 = 6(80 + L_2)$$
  $$\iff 2L_2 = 240$$
  $$\iff L_2 = 120$$
  Bei 8 muß eine Last $L_2 = 120$ liegen.
  Man kann die Aufgabe auch mit dem Hebelgesetz
  (Last · Lastarm = Kraft · Kraftarm) lösen.
  $$80(6-3) = L_2(8-6) \implies 240 = 2L_2 \iff L_2 = 120$$

Einige **Beispiele** für lineare Gleichungen:

- $3x + 2 = 7x - 14 \iff -4x = -16 \iff \underline{x = 4}$
- $x + 1 = 2x + 1 \iff \underline{x = 0}$
- $4(3x - 2) + 5(x + 8) = 0 \iff 12x - 8 + 5x + 40 = 0 \iff \underline{x = -\frac{32}{17}}$
- $1 + \frac{1}{x} = \frac{2}{x} \iff x + 1 = 2 \ (x \neq 0) \iff \underline{x = 1}$
- $\frac{2}{x-1} = \frac{3}{2x+1} \iff 2(2x+1) = 3(x-1) \ (x \neq 1, x \neq -\frac{1}{2})$
  $\iff \underline{x = -5}$

Hierbei wurden beide Seiten mit $x - 1 \neq 0$ und $2x + 1 \neq 0$ multipliziert.
Man kann auch die folgende äquivalente Umformung 3 benutzen:

> 3. Von der Gleichung $\frac{a_1}{b_1} = \frac{a_2}{b_2}$ mit $a_1, a_2 \neq 0$ kann man zur äquivalenten Gleichung $\frac{b_1}{a_1} = \frac{b_2}{a_2}$ übergehen. (**Kehrwertbildung**)

Das liefert hier $\frac{x-1}{2} = \frac{2x+1}{3}$ und man muß mit Brüchen rechnen oder man erhält wieder die obige nach $\iff$ stehende Gleichung.

- $\frac{x-1}{x+1} = \frac{x+3}{x-5} \iff x^2 - 6x + 5 = x^2 + 4x + 3 \ (x \neq -1, 5)$
  $\iff -10x = -2 \iff \underline{x = \frac{1}{5}}$
- $3(2x - 4) - 2(4 - 5x) = 4(4x + 8) \iff 6x - 12 - 8 + 10x = 16x + 32$
  $\iff -20 = 32$

Es folgt $L = \emptyset$ (die leere Menge), denn die letzte Gleichung ist falsch, d.h. jede Einsetzung für x führt auf diese falsche Gleichung.

- $\frac{2}{x+5} = \frac{4}{2x+10} \implies 2(2x + 10) = 4(x + 5) \iff 4x + 20 = 4x + 20$

Die letzte Gleichung ergibt für alle x eine wahre Aussage.
Daher folgt $L = \mathbb{R} \setminus \{-5\}$, denn die gegebene Gleichung ist für $x = -5$ nicht definiert, da nicht durch 0 geteilt werden darf. (Daher ist die gegebene Gleichung auch nicht äquivalent zu $2(2x + 10) = 4(x + 5)$, sondern an der entsprechenden Stelle steht oben nur das Zeichen $\implies$.)

Weitere Anwendungsbeispiele:

> Ein Fahrzeug fährt mit 30 Liter Benzin 350 km weit. Wieviel Liter braucht es für 600 km?

Lösung:
Ansatz: x Liter für 600 km. Bekannt: 30 Liter für 350 km.
Es folgt: $\frac{30}{350}$ Liter für 1 km und $x = \frac{30 \cdot 600}{350}$ Liter für 600 km.
Also $x = \frac{6 \cdot 60}{7} \approx 51,4$. Das Fahrzeug braucht ungefähr $\underline{51,4 \text{ Liter}}$ für 600 km.

2.1. LINEARE GLEICHUNGEN

> 2 Arbeiter pflastern $15\,\text{m}^2$ Fläche in 12 Stunden. Wie lange brauchen 3 Arbeiter für $40\,\text{m}^2$ Fläche?

Lösung:
3 Arbeiter pflastern $40\,\text{m}^2$ Fläche in x Stunden. (Ansatz)
2 Arbeiter pflastern $15\,\text{m}^2$ in 12 Stunden. (bekannt)
1 Arbeiter pflastert $15\,\text{m}^2$ in $2\cdot 12$ Stunden.
1 Arbeiter pflastert $1\,\text{m}^2$ in $\frac{2\cdot 12}{15}$ Stunden.
3 Arbeiter pflastern $1\,\text{m}^2$ in $\frac{2\cdot 12}{15\cdot 3}$ Stunden.
3 Arbeiter pflastern $40\,\text{m}^2$ in $x=\frac{2\cdot 12\cdot 40}{15\cdot 3}$ Stunden, also $x=\frac{64}{3}=21\frac{1}{3}$.
3 Arbeiter brauchen für $40\,\text{m}^2$ Pflasterung <u>21 Stunden und 20 Minuten</u>.

> 24 gleichwertige Maschinen erreichen in einem festen Zeitabschnitt einen gewissen Produktionsausstoß. Wieviele Maschinen muß man zusätzlich einsetzen, wenn die doppelte Produktion im 1,5-fachen des Zeitabschnitts erreicht werden soll?

Lösung:
x Maschinen haben einen Produktionsausstoß von 2 in 1,5 Zeiteinheiten.
24 Maschinen haben einen Produktionsausstoß von 1 in 1 Zeiteinheit.
$2\cdot 24$ Maschinen haben einen Produktionsausstoß von 2 in 1 Zeiteinheit.
$x=\frac{2\cdot 24}{1,5}$ Maschinen haben einen Produktionsausstoß von 2 in 1,5 Zeiteinheiten.
(Mehr Zeit für die gleiche Produktion bedeutet: Weniger Maschinen!)
Es ist also $x=\frac{2\cdot 2\cdot 24}{3}=32$. Man muß <u>8 Maschinen</u> zusätzlich einsetzen.

> Eine Bowle enthält $2,5\,\text{l}$ Wein mit $12\,\%$ Alkohol, $6\,\text{l}$ Orangensaft, $1\,\text{l}$ Sekt mit $12\,\%$ Alkohol, $0,3\,\text{l}$ Obstler mit $30\,\%$ Alkohol und $0,2\,\text{l}$ Kognak mit $45\,\%$ Alkohol. Wieviel Prozent Alkohol enthält die Bowle?

Lösung:
Es wird mit dem gewichteten Mittel gerechnet.
Alkoholgehalt $=\frac{2,5\cdot 0,12+1\cdot 0,12+0,3\cdot 0,3+0,2\cdot 0,45}{2,5+6+1+0,3+0,2}=\frac{0,6}{10}=\frac{6}{100}=\underline{6\%\text{ Alkohol}}$

> Ein Vater ($80\,\text{kg}$) sitzt mit seinen beiden Kindern (30 und $20\,\text{kg}$) auf einer Wippe (siehe Skizze). Wo muß der Vater sitzen, damit die Wippe im Gleichgewicht ist?

Lösung:
Das mit den Körpergewichten gewichtete Mittel der Abstände zum Auflegepunkt der Wippe muß 0 ergeben, also:

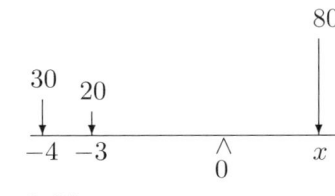

$\frac{(-4)\cdot 30+(-3)\cdot 20+80x}{30+20+80}=0$
$\implies -120-60+80x=0 \implies x=\frac{180}{80}=2,25$
Der Vater muß <u>2,25 Einheiten</u> vom Auflegepunkt entfernt sitzen.

2.2 Quadratische Gleichungen

Eine Gleichung der Form $\boxed{ax^2 + bx + c = 0 \text{ mit } a \neq 0}$ heißt **quadratische Gleichung**. Grundlegend für das Lösen von quadratischen Gleichungen ist der folgende Satz:

> Ist $a > 0$, so hat die Gleichung $x^2 = a$ genau zwei Lösungen, nämlich
> $x_1 = \sqrt{a}$ und $x_2 = -\sqrt{a}$.

Zum Lösen einer quadratischen Gleichung $ax^2 + bx + c = 0$ wird zunächst mit $\frac{1}{a}$ multipliziert, so dass die Gleichung in die Form $x^2 + px + q = 0$ übergeht. Mittels sog. **quadratischer Ergänzung** wird unter Anwendung der binomischen Formeln umgeformt:

$$x^2 + px + q = 0 \iff (x + \tfrac{p}{2})^2 - \tfrac{p^2}{4} + q = 0$$
$$\iff (x + \tfrac{p}{2})^2 = \tfrac{p^2}{4} - q$$

Die Ersetzung von $x^2 + px$ durch $(x + \tfrac{p}{2})^2 - \tfrac{p^2}{4}$ nennt man dabei **quadratische Ergänzung**.

Die Anwendung des obigen Satzes liefert nun:

> **p, q-Formel**
> zum Lösen der quadratischen Gleichung $x^2 + px + q = 0$:
> $$\boxed{x_{1,2} = -\tfrac{p}{2} \pm \sqrt{\tfrac{p^2}{4} - q}}$$

Man unterscheidet drei Fälle:

$\frac{p^2}{4} - q < 0$: keine Lösung.

$\frac{p^2}{4} - q = 0$: genau eine Lösung, nämlich $x = -\tfrac{p}{2}$.

$\frac{p^2}{4} - q > 0$: genau die beiden oben angegebenen Lösungen $x_{1,2}$.

Beispiel: $\quad 3x^2 + 3x - 6 = 0 \iff x^2 + x - 2 = 0$
$$\iff x_{1,2} = -\tfrac{1}{2} \pm \sqrt{\tfrac{1}{4} + 2} = -\tfrac{1}{2} \pm \tfrac{3}{2}$$
$$\iff x_1 = 1 \; , \; x_2 = -2$$

Wichtig ist der Wurzelsatz von VIETA (z.B. für Proben):

> **Wurzelsatz von Vieta**
> Hat die quadratische Gleichung $\quad x^2 + px + q = 0 \quad$ die zwei Lösungen x_1 und x_2, so gilt: $\quad x^2 + px + q = (x - x_1)(x - x_2)$.
>
> Ferner ist dann: $\quad x_1 + x_2 = -p \quad$ und $\quad x_1 x_2 = q$

2.2. QUADRATISCHE GLEICHUNGEN

Der Wurzelsatz von Vieta liefert die Möglichkeit, manche quadratische Gleichung durch "scharfes Hinsehen" zu lösen.

Beispiel: $x^2 + x - 12 = 0$

Gesucht sind (als Lösungen) zwei Zahlen x_1, x_2, deren Summe -1 (negativer Vorfaktor vor x) und deren Produkt -12 ist.
Man erkennt sofort:
$x_1 = 3$, $x_2 = -4$; es ist $x^2 + x - 12 = (x-3)(x+4)$.

Dies sollte man an den folgenden Beispielen üben:

a) $x^2 - 5x + 6 = 0$ b) $x^2 - 7x + 6 = 0$ c) $x^2 - x - 6 = 0$
d) $x^2 + 2x - 35 = 0$ e) $x^2 - 11x + 24 = 0$ f) $x^2 + 13x + 42 = 0$

Lösungen der Gleichungen sind:

a) 2, 3, denn $x^2 - 5x + 6 = 0$ $\iff$ $(x-2)(x-3) = 0$
b) 1, 6, denn $x^2 - 7x + 6 = 0$ $\iff$ $(x-1)(x-6) = 0$
c) 3, -2, denn $x^2 - x - 6 = 0$ $\iff$ $(x-3)(x+2) = 0$

Entsprechend bei: d) 5, -7 e) 3, 8 f) $-6, -7$

Weitere **Beispiele** für quadratische Gleichungen:

- $x^2 - 2x - 5 = 0$ $\iff$ $x_{1,2} = 1 \pm \sqrt{6}$

- $x^2 - 2x + 5 = 0$: $\frac{p^2}{4} - q = -4$ keine Lösung.

- $x^2 - 2x + 1 = 0$: $\frac{p^2}{4} - q = 0$ Lösung $\underline{x = 1}$.

- $x^2 + 3x = 0$ $\iff$ $x(x+3) = 0$ $\underline{x_1 = 0, \; x_2 = -3}$
  Hier liefert die angegebene Faktorisierung ohne Anwendung der p, q-Formel die Lösung.

- $4x^2 - 2x - 3 = 0$ $\iff$ $x^2 - \frac{1}{2}x - \frac{3}{4} = 0$
  $\iff$ $x_{1,2} = \frac{1}{4} \pm \sqrt{\frac{1}{16} + \frac{3}{4}} = \underline{\frac{1}{4} \pm \frac{1}{4}\sqrt{13}}$

- $3x^2 + 7x + 2 = 0$ $\iff$ $x^2 + \frac{7}{3}x + \frac{2}{3} = 0$
  $\iff$ $x_{1,2} = -\frac{7}{6} \pm \sqrt{\frac{49}{36} - \frac{2}{3}} = -\frac{7}{6} \pm \sqrt{\frac{25}{36}} = -\frac{7}{6} \pm \frac{5}{6}$
  $\iff$ $\underline{x_1 = -2, \; x_2 = -\frac{1}{3}}$

- $4x^2 + 8x + 4 = 0$ $\iff$ $4(x+1)^2$ Lösung $\underline{x = -1}$.

- $5x^2 - 7x + 10 = 0$ $\iff$ $x^2 - \frac{7}{5}x + 2 = 0$ $(\frac{7}{10})^2 - 2 < 0$ keine Lösung.

Viele weitere Gleichungen führen durch Umformungen auf quadratische Gleichungen, z.B.

- $x + \frac{1}{x} = 2$ $\iff$ $x^2 + 1 = 2x$ $(x \neq 0)$ $\iff$ $x^2 - 2x + 1 = 0$ $\iff$ $\underline{x = 1}$

- $\frac{1}{x-1} + \frac{1}{x-2} = 1$ $\iff$ $x - 2 + x - 1 = (x-1)(x-2)$ $(x \neq 1, x \neq 2)$
  $\iff$ $x^2 - 5x + 5 = 0$
  $\iff$ $\underline{x_{1,2} = \frac{5}{2} \pm \frac{1}{2}\sqrt{5}}$

Eine Gleichung der Form $ax^4 + bx^2 + c = 0$ heißt **biquadratische Gleichung**. Die Substitution (Ersetzung) $x^2 = z$ überführt sie in eine quadratische Gleichung in z, also $az^2 + bz + c = 0$, die man wie üblich löst.

Biquadratische Gleichungen

$\boxed{x^4 + px^2 + q = 0}$ Substitution: $x^2 = z$ $z^2 + pz + q = 0$ lösen

Für jede positive Lösung z dieser Gleichung liefert $x^2 = z$ die beiden Lösungen $x = \sqrt{z}$ und $x = -\sqrt{z}$ der gegebenen Gleichung.

Beispiele:

- $x^4 - 11x^2 + 18 = 0$ Substitution $x^2 = z$ liefert $z^2 - 11z + 18 = 0$.
  $z^2 - 11z + 18 = 0 \iff (z-9)(z-2) = 0 \iff z_1 = 9$, $z_2 = 2$
  $x^2 = 9$ bzw. $x^2 = 2$ liefert für die gegebene Gleichung genau 4 Lösungen, nämlich $x_1 = 3$, $x_2 = -3$, $x_3 = \sqrt{2}$ und $x_4 = -\sqrt{2}$.

- $x^4 - 6x^2 + 9 = 0 \iff (x^2 - 3)^2 = 0 \iff x^2 - 3 = 0$
  Die gegebene Gleichung hat genau die beiden Lösungen $x_1 = \sqrt{3}$ und $x_2 = -\sqrt{3}$.

- $x^4 + 2x^2 - 3 = 0$: $x^2 = z \implies z^2 + 2z - 3 = 0 \iff (z+3)(z-1) = 0$
  $z_1 = -3$ liefert keine Lösung der gegebenen Gleichung, da $x^2 = -3$ keine Lösung besitzt. $x^2 = 1$ besitzt die Lösungen $x_1 = 1$ und $x_2 = -1$, die damit die einzigen Lösungen der gegebenen Gleichung sind.

- $x^2 + \dfrac{1}{x^2} = 5 \iff x^4 + 1 = 5x^2 \ (x \neq 0) \iff x^4 - 5x + 1 = 0 \ (x \neq 0)$
  $x^2 = z$ führt auf $z^2 - 5z + 1 = 0$ mit
  $z_{1,2} = \frac{5}{2} \pm \sqrt{\frac{25}{4} - 1} = \frac{1}{2}(5 \pm \sqrt{21})$. Beide Lösungen sind positiv, also hat die gegebene Gleichung genau die Lösungen $x_1 = \sqrt{\frac{1}{2}(5 + \sqrt{21})}$, $x_2 = -\sqrt{\frac{1}{2}(5 + \sqrt{21})}$, $x_3 = \sqrt{\frac{1}{2}(5 - \sqrt{21})}$ und $x_4 = -\sqrt{\frac{1}{2}(5 - \sqrt{21})}$.

- $(x^2 + 2)(3x^2 + 1) + (x^2 - 1)(x^2 - 2) = 0$
  $\iff 3x^4 + 7x^2 + 2 + x^4 - 3x^2 + 2 = 0 \iff 4x^4 + 4x^2 + 4 = 0$
  $\iff x^4 + x^2 + 1 = 0$
  $x^2 = z$ liefert $z^2 + z + 1 = 0$. Es ist $\frac{1}{4} - 1 < 0$, also besitzt diese Gleichung keine Lösung und damit auch die gegebene Gleichung nicht.

2.3 Ungleichungen

Eine Ungleichung in einer Variablen erhält man, wenn man zwischen zwei Terme in einer Variablen eines der folgenden Zeichen setzt:

$<$ (kleiner) $\quad \leq$ (kleiner gleich) $\quad >$ (größer) $\quad \geq$ (größer gleich)

Beispiele für Ungleichungen
(1) $3x + 2 < 8$ (2) $-z - 1 \geq 0$ (3) $\frac{a+1}{a-1} \leq 1$ (4) $x^2 - 2x > 0$

Es sind alle reellen Zahlen gesucht, die bei Einsetzung für die Variable eine wahre Aussage ergeben. Zum Lösen einer Ungleichung werden wieder äquivalente Umformungen vorgenommen, durch die die Ungleichung auf eine einfachere Form gebracht wird. Im Unterschied zu äquivalenten Umformungen bei Gleichungen muß man hier etwas vorsichtiger sein. Die wichtigsten äquivalenten Umformungen für Ungleichungen lauten (nur für Ungleichungen mit $<$ formuliert; bei anderen Zeichen gelten sie entsprechend):

Äquivalente Umformungen einer Ungleichung
1. Auf beiden Seiten darf dasselbe $c \in \mathbb{R}$ addiert werden.
   $a < b \iff a + c < b + c$
2. Beide Seiten dürfen mit demselben **positiven** c multipliziert werden.
   $a < b$ und $c > 0 \iff ac < bc$
3. Multipliziert man beide Seiten einer Ungleichung mit einer **negativen** reellen Zahl, so kehrt sich das Ungleichungszeichen um.
   $a < b$ und $c < 0 \iff ac > bc$

Damit löst man die Beispiele im obigen Kasten wie folgt:

(1)
$$\begin{aligned} 3x + 2 &< 8 \quad | -2 \\ 3x &< 6 \quad | \cdot \tfrac{1}{3} \\ x &< 2 \\ L_{(1)} &= \{x \,|\, x < 2\} \end{aligned}$$

(2)
$$\begin{aligned} -z - 1 &\geq 0 \quad | \cdot (-1) \\ z + 1 &\leq 0 \quad | -1 \\ z &\leq -1 \\ L_{(2)} &= \{z \,|\, z \leq -1\} \end{aligned}$$

Die Lösungsmengen kann man auf der **Zahlengeraden** darstellen, z.B. :

$L_{(1)}$: ⟵────┼────┼────)────┼────
            0   1   2   3

$L_{(2)}$: ⟵────┼────┼─]──┼────┼────
            -2   -1   0   1

Die Art der Klammern an den Randstellen gibt an, ob das Randelement zur Lösungsmenge gehört oder nicht (siehe auch Seite 25 unten).

(3) lösen wir zunächst mit einer **Fallunterscheidung**:
1. Fall: $a = 1$
Dafür ist die Ungleichung nicht definiert, da nicht durch 0 dividiert werden darf.
2. Fall: $a - 1 > 0$, also $a > 1$.
Dann gilt: $\frac{a+1}{a-1} \leq 1 \iff a + 1 \leq a - 1$
$\iff 1 \leq -1 \quad$ (falsch)
Von denjenigen reellen Zahlen a mit $a - 1 > 0$, also $a > 1$, gehört keine zur Lösungsmenge.
3. Fall: $a - 1 < 0$, also $a < 1$.
Dann gilt: $\frac{a+1}{a-1} \leq 1 \iff a + 1 \geq a - 1 \quad$ (äquivalente Umformung Nr. 3)
$\iff 1 \geq -1 \quad$ (wahr)
Alle a mit $a - 1 < 0$ ergeben eine wahre Aussage.
Es folgt insgesamt: $L_{(3)} = \{a \,|\, a < 1\}$.

Eine alternative Lösungsmöglichkeit besteht darin, die Ungleichung so umzuformen, dass rechts 0 steht und links eine Faktorisierung, hier also:
$$\frac{a+1}{a-1} \leq 1 \iff \frac{a+1}{a-1} - 1 \leq 0 \iff \frac{a+1-(a-1)}{a-1} \leq 0 \iff \frac{2}{a-1} \leq 0$$
Der links stehende Bruch ist genau dann nicht positiv, wenn der Nenner negativ ist, also für $a - 1 < 0$. Es folgt $L_{(3)} = \{a \,|\, a < 1\}$.
Bei dieser Lösungsart vermeidet man das Auftreten von Fallunterscheidungen.

Lösung von **(4)**:
$$x^2 - 2x > 0 \iff x(x - 2) > 0$$
Ein Produkt aus zwei Faktoren ist genau dann positiv, wenn beide Faktoren positiv oder beide Faktoren negativ sind. Also muß gelten:

$x > 0$ und $x - 2 > 0$ $\qquad$ oder $\qquad$ $x < 0$ und $x - 2 < 0$
$\iff$ $\qquad\qquad\qquad\qquad\qquad\qquad\iff$
$x > 2$ $\qquad\qquad\qquad\qquad\qquad\qquad$ $x < 0$

Es ist also $L_{(4)} = \{x \,|\, x > 2 \text{ oder } x < 0\}$.

Eine graphische Lösungsmöglichkeit für quadratische Ungleichungen wird in Abschnitt 3.4. angegeben.

Die Lösungsmenge einer Ungleichung ist i.a. ein **Intervall** bzw. eine Vereinigung von Intervallen. Üblich für Intervalle sind folgende Schreibweisen $(a, b \in \mathbb{R}, \, a \leq b)$:
$[a, b] := \{x \in \mathbb{R} \,|\, a \leq x \text{ und } x \leq b\} =: \{x \,|\, a \leq x \leq b\}$
$]a, b[:= \{x \in \mathbb{R} \,|\, a < x \text{ und } x < b\} =: \{x \,|\, a < x < b\}$
Für $]a, b[$ ist auch die Schreibweise (a, b) üblich.

2.3. UNGLEICHUNGEN

$[a, \infty[:= \{x \mid x \geq a\}$, $]-\infty, a[:= \{x \mid x < a\}$

Es existieren weitere Mischformen bei Intervallen, z.B. $[a, b[$ usw.

$[a, b]$ heißt **abgeschlossenes Intervall** mit den Endpunkten a und b.
$]a, b[$ heißt **offenes Intervall**. Die Endpunkte a und b gehören **nicht** zur Menge.

Das motiviert die Schreibweise $[a, \infty[$, denn ∞ ist keine Zahl, sondern symbolisiert nur, dass das Intervall nach rechts **nicht beschränkt** ist.

Weitere **Beispiele** für das Lösen von Ungleichungen:

- $3(x+2) - 4(x+1) \geq 2x + 5 \iff -x + 2 \geq 2x + 5$
  $\iff -3x \geq 3$
  $\iff x \leq -1 \qquad L =]-\infty, -1]$

- $x^2 \leq 3x + 10 \iff x^2 - 3x - 10 \leq 0$
  $\iff (x+2)(x-5) \leq 0$
  $\iff x + 2 \geq 0$ und $x - 5 \geq 0$ oder
  $ x + 2 \leq 0$ und $x - 5 \leq 0$
  $\iff x \geq 5$ oder $x \leq -2$
  $L =]-\infty, -2] \cup [5, \infty[$

- $x^2 - 2x - 4 < 0 \iff (x-1)^2 - 5 < 0$
  $\iff (x-1)^2 < 5$

  Ein Quadrat ist kleiner als 5, wenn die zu quadrierende Zahl zwischen $-\sqrt{5}$ und $\sqrt{5}$ liegt. Also $-\sqrt{5} < x - 1 < \sqrt{5}$ oder $1 - \sqrt{5} < x < 1 + \sqrt{5}$, d.h. $L =]1 - \sqrt{5}, 1 + \sqrt{5}[$.
  (Im nächsten Abschnitt wird sich mittels des Betrags einer Zahl hierfür eine einfachere Darstellung ergeben.)

- $\dfrac{(x-1)(x+2)}{x-5} \leq 0$

  Diese Ungleichung kann man durch Fallunterscheidungen lösen; einfacher ist aber die nebenstehende tabellarische Lösung.

	$-\infty$	-2		1		5		∞
$x - 1$		$-$		$-$		$+$		$+$
$x + 2$		$-$		$+$		$+$		$+$
$x - 5$		$-$		$-$		$-$		$+$
linke Seite		$-$		$+$		$-$		$+$

Es werden nur die Vorzeichen der beteiligten Terme (Linearfaktoren) in den einzelnen Bereichen der Tabelle eingetragen, die bei ihren Nullstellen wechseln, z.B. $x - 1 < 0$ für $x < 1$ und $x - 1 > 0$ für $x > 1$. Abzählung der negativen Terme ergibt das Vorzeichen der linken Seite der Ungleichung. Man liest dann ab:

$$L =]-\infty, -2] \cup [1, 5[$$

-2 und 1 gehören zur Lösungsmenge, da das Ungleichungszeichen $\leq$ lautet. 5 gehört als Nullstelle des Nenners nicht zu L.

- $\dfrac{x}{x+1} < 1 + \dfrac{1}{x} \iff \dfrac{x}{x+1} < \dfrac{x+1}{x}$
  $\iff \dfrac{x}{x+1} - \dfrac{x+1}{x} < 0$
  $\iff \dfrac{x^2 - x^2 - 2x - 1}{x(x+1)} < 0$
  $\iff \dfrac{-2x-1}{x(x+1)} < 0$

	$-\infty$	-1	$-\tfrac{1}{2}$	0	∞
$-2x-1$		$+$	$+$	$-$	$-$
x		$-$	$-$	$-$	$+$
$x+1$		$-$	$+$	$+$	$+$
linke Seite		$+$	$-$	$+$	$-$

Es folgt: $L =]-1, -\tfrac{1}{2}[\ \cup\ ]0, \infty[$.

- $\dfrac{x^2 - x - 4}{x+3} > 2$
  $\iff \dfrac{x^2 - x - 4}{x+3} - \dfrac{2(x+3)}{x+3} > 0$
  $\iff \dfrac{x^2 - 3x - 10}{x+3} > 0$
  $\iff \dfrac{(x-5)(x+2)}{x+3} > 0$

	$-\infty$	-3	-2	5	∞
$x-5$		$-$	$-$	$-$	$+$
$x+2$		$-$	$-$	$+$	$+$
$x+3$		$-$	$+$	$+$	$+$
linke Seite		$-$	$+$	$-$	$+$

Es folgt; $L =]-3, -2[\ \cup\ ]5, \infty[$.

Zu zwei positiven Zahlen $a, b \in \mathbb{R}$ nennt man $\dfrac{a+b}{2}$ das **arithmetische Mittel** (siehe 2.1.) und $\sqrt{ab}$ das **geometrische Mittel**. Es gilt folgende wichtige Ungleichung:

Ungleichung zwischen arithmetischem und geometrischem Mittel
Für positive $a, b \in \mathbb{R}$ ist stets $\quad \dfrac{a+b}{2} \geq \sqrt{ab}$. (agM-Ungleichung)

Dies ergibt sich wie folgt:
Für positive Zahlen ist das Wurzelziehen eine äquivalente Umformung. Daher kann man schließen:

$(a-b)^2 \geq 0 \iff a^2 - 2ab + b^2 \geq 0$
$\iff a^2 + 2ab + b^2 \geq 4ab$
$\iff \dfrac{a^2 + 2ab + b^2}{4} \geq ab$
$\iff \left(\dfrac{a+b}{2}\right)^2 \geq ab$
$\iff \dfrac{a+b}{2} \geq \sqrt{ab}$

Beispiel: $a = 4, b = 9$
Das arithmetische Mittel ist $\dfrac{4+9}{2} = \dfrac{13}{2} = 6{,}5$.
Das geometrische Mittel ist $\sqrt{4 \cdot 9} = \sqrt{36} = 6$.

2.4 Rechnen mit Beträgen

Der Betrag einer reellen Zahl x, geschrieben $|x|$, ist definiert durch:

Betrag einer Zahl

$|x| := x$ falls $x \geq 0$
$|x| := -x$ falls $x < 0$

Damit gilt
$\sqrt{x^2} = |x|$
$x^2 = |x^2| = |x|^2$
$|x| = |-x|$

Der Betrag einer Zahl ist nicht negativ und gibt anschaulich den Abstand der Zahl vom Nullpunkt auf der Zahlengeraden an.

$|x - a|$ ist der **Abstand** der Zahl x von der Zahl a auf der Zahlengeraden.

Beispiele:
$|2 - 5| = |-3| = 3$ 2 und 5 haben Abstand 3 auf der Zahlengeraden.
$|2 + 5| = |7| = 7$ 2 und -5 haben Abstand 7 auf der Zahlengeraden.
$|-2 - 5| = |-7| = 7$ -2 und 5 haben Abstand 7 auf der Zahlengeraden.
$|-2 + 5| = |3| = 3$ -2 und -5 haben Abstand 3 auf der Zahlengeraden.
$\sqrt{(-3)^2} = \sqrt{9} = 3 = |-3|$

Eine Ungleichung, z.B. $|x| < 3$, wird nach dem Gesagten von allen reellen Zahlen erfüllt, deren Abstand vom Ursprung auf der Zahlengeraden kleiner als 3 ist. Das sind die Zahlen $x \in \mathbb{R}$ mit $x < 3$ und $x > -3$. Solche Bereiche schreibt man üblicherweise mit einer **Ungleichungskette** wie folgt:
$$x < 3 \text{ und } x > -3 \iff : -3 < x < 3 \iff x \in]-3, 3[$$
Für das Rechnen mit Ungleichungen und Beträgen gelten die folgenden Regeln (die zum Entfernen von Beträgen benutzt werden können):

Es sei $a > 0$. Dann gelten folgende Äquivalenzen:

$|x| < a \iff -a < x < a$

$|x| > a \iff x > a$ oder $x < -a$

$x^2 < a \iff |x| < \sqrt{a} \iff -\sqrt{a} < x < \sqrt{a}$

$x^2 > a \iff |x| > \sqrt{a} \iff x > \sqrt{a}$ oder $x < -\sqrt{a}$

$|x - b| < a \iff -a < x - b < a \iff b - a < x < b + a$
in Worten: Die reellen Zahlen x, deren Abstand von b kleiner ist als a liegen genau zwischen $b - a$ und $b + a$.

Beispiele:

- $|x - 1| = 3 \iff x - 1 = 3$ oder $x - 1 = -3 \iff x = 4$ oder $x = -2$
  oder geometrisch betrachten wie im oberen Kasten:
  Gesucht sind alle x, deren Abstand von 1 gleich 3 ist.
  oder $|x - 1| = 3 \iff (x - 1)^2 = 9 \iff x_{1,2} = 1 \pm 3$

- $|x+3| = 8 \iff x = 5$ oder $x = -11$ (Abstand von -3 gleich 8)
- $|2x+1| = 3 \iff 2x+1 = 3$ oder $2x+1 = -3$
  $\iff x = 1$ oder $x = -2$
- $|x-1| < 5 \iff -5 < x-1 < 5 \iff -4 < x < 6$
- $|x+3| \geq 2 \iff x+3 \geq 2$ oder $x+3 \leq -2$
  $\iff x \geq -1$ oder $x \leq -5$
- $|x+1| > 0 \iff x \neq -1$ (Ein Betrag ist stets ≥ 0)
- $|2x-1| \leq 7 \iff -7 \leq 2x-1 \leq 7 \iff -6 \leq 2x \leq 8$
  $\iff -3 \leq x \leq 4$
- $||x|-5| > 3 \iff |x|-5 > 3$ oder $|x|-5 < -3$
  $\iff |x| > 8$ oder $|x| < 2$
  $\iff x > 8$ oder $x < -8$ oder $-2 < x < 2$

```
━━━━[         ]━━[       ]━━━━━━━
  -8         -2   2       8
```

Bei diesem Beispiel kann man auch die Symmetrie $|x| = |-x|$ benutzen. Wegen der Gültigkeit dieser Gleichung liegt die Lösungsmenge einer Gleichung bzw. Ungleichung, in der x nur in der Form $|x|$ vorkommt, symmetrisch zum Ursprung.
Unter Ausnutzung dieser Tatsache braucht man hier nur $x \geq 0$ zu betrachten. Dann lautet die Ungleichung $|x-5| > 3$ und man erhält als Lösung diejenigen x mit $0 \leq x < 2$ oder $x > 8$. Durch Spiegelung am Nullpunkt kommt der Bereich $-2 < x \leq 0$ und $x < -8$ hinzu und damit erhält man wieder die skizzierte Lösungsmenge.

- $x^2 - 2x - 2 < 1 \iff (x-1)^2 < 4 \iff |x-1| < 2$
  $\iff -2 < x-1 < 2 \iff -1 < x < 3$
- $x^2 + 6x - 1 > 0 \iff (x+3)^3 > 10 \iff |x+3| > \sqrt{10}$
  $\iff x+3 > \sqrt{10}$ oder $x+3 < -\sqrt{10}$
  $\iff x > -3 + \sqrt{10}$ oder $x < -3 - \sqrt{10}$

Solche quadratischen Ungleichungen lassen sich auch graphisch lösen (siehe dazu Abschnitt 3.4.).

- $\dfrac{2}{|x+1|} > 1 \iff 2 > |x+1|$ $(x \neq -1)$
  $\iff -2 < x+1 < 2$ $(x \neq -1)$
  $\iff -3 < x < 1$ $(x \neq -1)$
- $\dfrac{|x+1|}{x} = 2 \iff |x+1| = 2x$
  $\iff (x+1)^2 = 4x^2$ und $x \geq 0$, da $|x+1| \geq 0$

Diese quadratische Gleichung $x^2 - \frac{2}{3}x - \frac{1}{3} = 0$ hat die Lösungen $x_{1,2} = \frac{1}{3} \pm \frac{2}{3}$, von denen wegen $x \geq 0$ nur $x_1 = 1$ infrage kommt.

2.4. RECHNEN MIT BETRÄGEN

- $\frac{|x+1|}{x-2} \leq 2$ Wir orientieren uns an der Zahlengeraden und lösen die Ungleichung durch Fallunterscheidung in den drei Teilbereichen $x \leq -1$, $-1 < x < 2$ und $x > 2$. Für $x = 2$ ist die Ungleichung nicht definiert.

```
                              -1                    2
```

Im Bereich gilt:

$\frac{|x+1|}{x-2} \geq 2 \iff$

$|x+1| = -(x+1)$	$|x+1| = x+1$	$|x+1| = x+1$
$x - 2 < 0$	$x - 2 < 0$	$x - 2 > 0$
$-(x+1) \leq 2(x-2)$	$x+1 \geq 2(x-2)$	$x+1 \leq 2(x-2)$
$\iff$	$\iff$	$\iff$
$x \leq 1$	$x \leq 5$	$x \geq 5$
$L_1 =]-\infty, -1]$	$L_2 = [-1, 2[$	$L_3 = [5, \infty[$

Insgesamt folgt $L = L_1 \cup L_2 \cup L_3 =]-\infty, 2[\cup [5, \infty[= \underline{\mathbb{R} \setminus [2, 5[}$.

Alternativ kann man schließen:
1. Für $x < 2$ ist die Ungleichung erfüllt, da die linke Seite dann negativ ist.
2. Für $x > 2$ schließt man wie oben im entsprechenden Teilbereich.

- $|x+2| + |x-2| \leq 4$ Hier rechnen wir die einzelnen Fälle durch:
  1. Fall: $x < -2$
  $|x+2| + |x-2| \leq 4 \iff -(x+2) - (x-2) \leq 4$
  $\iff -2x \leq 4 \iff x \geq -2 \quad L_1 = \emptyset$
  2. Fall: $-2 \leq x \leq 2$
  $|x+2| + |x-2| \leq 4 \iff (x+2) - (x-2) \leq 4$
  $\iff 4 \leq 4$ wahr, also $L_2 = [-2, 2]$
  3. Fall: $x > 2$
  $|x+2| + |x-2| \leq 4 \iff (x+2) + (x-2) \leq 4$
  $\iff 2x \leq 4 \iff x \leq 2 \quad L_3 = \emptyset$
  Insgesamt also: $L = L_2 = \underline{[-2, 2]}$

- $|x-1| \leq |x| \iff (x-1)^2 \leq x^2 \iff -2x + 1 \leq 0$
  $\iff x \geq \frac{1}{2} \quad \underline{L = [\frac{1}{2}, \infty[}$

- $|2x + 7| \leq 5 \iff -5 \leq 2x + 7 \leq 5 \iff -12 \leq 2x \leq -2$
  $\iff -6 \leq x \leq -1 \quad \underline{L = [-6, -1]}$

- $|\frac{x-1}{x+1}| < 2 \iff (x-1)^2 < 4(x+1)^2 \quad (x \neq -1)$
  $\iff x^2 - 2x + 1 < 4x^2 + 8x + 4$
  $\iff 3x^2 + 10x + 3 > 0 \iff x^2 + \frac{10}{3}x + 1 > 0$
  $\iff (x + \frac{5}{3})^2 > \frac{16}{9} \iff |x + \frac{5}{3}| > \frac{4}{3}$
  $\iff x > -\frac{1}{3}$ oder $x < -3$;
  $\underline{L =]-\infty, -3[\cup]-\frac{1}{3}, \infty[}$

2.5 Wurzelgleichungen, Exponentialgleichungen

Wir betrachten noch Gleichungen in einer Variablen, bei denen die Variable auch unter einer Wurzel vorkommt (Wurzelgleichungen) oder im Exponenten vorkommt (Exponentialgleichungen).

Beispiele für Wurzel- bzw. Exponentialgleichungen
Wurzelgleichungen: (1) $2 - \sqrt{3x+4} = -2$ (2) $3x + 2\sqrt{x} = 16$
Exponentialgleichungen: (3) $2^{6x-2} = 4^{2x+3}$ (4) $2^{2x} + 5 \cdot 2^{x+1} = 11$

Bei Wurzelgleichungen versucht man, die Gleichung so umzuformen, dass die Wurzel allein auf einer Seite der Gleichung steht. Dann entfernt man sie durch Quadrieren der beiden Seiten der Gleichung. Quadrieren einer Gleichung ist aber **keine äquivalente Umformung** und es können Lösungen hinzukommen, die nicht zur Lösungsmenge der ursprünglichen Gleichung gehören. Es gehen aber keine Lösungen verloren! Daher kann man mit einer Probe (Einsetzen der gefundenen Lösungen in die Ausgangsgleichung) leicht feststellen, wie die Lösungsmenge der Ausgangsgleichung lautet.

Beispiele:

- $2 - \sqrt{3x+4} = -2 \qquad$ (1) aus obigem Kasten

$$
\begin{aligned}
2 - \sqrt{3x+4} = -2 &\iff -\sqrt{3x+4} = -4 &&\text{Isolieren der Wurzel}\\
&\implies 3x + 4 = 16 &&\text{Quadrieren}\\
&\iff 3x = 12 \iff x = 4 &&\text{Lösen der lin. Gleichung}
\end{aligned}
$$

Einsetzen: $\qquad 2 - \sqrt{12+4} = -2 \quad$ (stimmt!) $\quad \underline{L = \{4\}}$

- $3x + 2\sqrt{x} = 16 \qquad$ (2) aus obigem Kasten

$$
\begin{aligned}
3x + 2\sqrt{x} = 16 &\iff 2\sqrt{x} = 16 - 3x\\
&\implies 4x = 256 - 96x + 9x^2 \iff 9x^2 - 100x + 256 = 0\\
&\iff x^2 - \frac{100}{9}x + \frac{256}{9} = 0\\
&\iff x_{1,2} = \frac{50}{9} \pm \sqrt{\frac{2500}{81} - \frac{2304}{81}} = \frac{50}{9} \pm \sqrt{\frac{196}{81}}\\
&\iff x_{1,2} = \frac{50}{9} \pm \frac{14}{9} \qquad x_1 = \frac{64}{9}, \; x_2 = 4
\end{aligned}
$$

$\frac{64}{9}$ erfüllt die Gleichung nicht! $\quad 12 + 2\sqrt{4} = 16 \quad$ (stimmt!), also $\underline{L = \{4\}}$

2.5. WURZELGLEICHUNGEN, EXPONENTIALGLEICHUNGEN

- $\sqrt{x+20} + \sqrt{2x+6} = 9$

  Quadrieren der Gleichung ergibt $x + 20 + 2\sqrt{x+20}\sqrt{2x+6} + 2x + 6 = 81$.
  Jetzt lassen sich die verbleibenden Wurzeln isolieren:
  $2\sqrt{x+20}\sqrt{2x+6} = -3x + 55$ Nochmaliges Quadrieren liefert nun eine Gleichung ohne Wurzeln.
  $4(x+20)(2x+6) = (-3x+55)^2 \iff 8x^2 + 184x + 480 = 9x^2 - 330x + 3025$
  $\iff x^2 - 514x + 2545 = 0$
  $\iff x_{1,2} = 257 \pm \sqrt{63504}$
  $\iff x_1 = 5,\ x_2 = 509$
  Nur x_1 erfüllt die gegebene Gleichung, also ist $\underline{L = \{5\}}$.

- $\sqrt{x+5} - \sqrt{5x+6} - 1 = 0$

  Im Vergleich zur Lösung des letzten Beispiels ist es bei Vorkommen von zwei Wurzeln manchmal einfacher, zunächst so umzustellen, dass eine Wurzel allein auf einer Seite steht, hier z.B.:
  $$\sqrt{x+5} = 1 + \sqrt{5x+6}.$$
  Quadrieren liefert nun $x + 5 = 1 + 2\sqrt{5x+6} + 5x + 6$. Jetzt wird die Wurzel wieder isoliert und dann nochmals quadriert.
  $2\sqrt{5x+6} = -4x - 2 \implies 4(5x+6) = 16x^2 + 16x + 4$
  $\iff 16x^2 - 4x - 20 = 0 \iff x^2 - \frac{1}{4}x - \frac{5}{4} = 0$
  $\iff x_{1,2} = \frac{1}{8} \pm \sqrt{\frac{81}{64}}$
  $\iff x_1 = -1,\ x_2 = \frac{5}{4}$
  x_2 erfüllt die gegebene Gleichung nicht, x_1 erfüllt sie; also $\underline{L = \{-1\}}$.

- $\sqrt{x + 8\sqrt{144+x}} = 4 + \sqrt{x}$

  Quadrieren:
  $x + 8\sqrt{144+x} = 16 + 8\sqrt{x} + x \iff \sqrt{144+x} = \sqrt{x} + 2$
  Nochmals Quadrieren $\implies 144 + x = x + 4\sqrt{x} + 4$
  $\iff \sqrt{x} = 35$ also $x = 35^2 = 1225$

  Die Probe zeigt, dass $\sqrt{1225 + 8\sqrt{144+1225}} = 4 + 35$ wahr ist, denn $\sqrt{144+1225} = 37$ und $\sqrt{1225 + 8 \cdot 37} = \sqrt{1521} = 39$.
  Damit ist $\underline{L = \{1225\}}$.

Exponentialgleichungen lassen sich häufig nicht exakt lösen. Tritt die Variable aber nur in den Exponenten auf, wie in den Beispielen, so hilft meistens die Anwendung von Potenzrechengesetzen und Logarithmieren, um die Gleichung zu einer Gleichung umzuformen, in der die Variable nicht mehr im Exponenten vorkommt.

Beispiele:

- $2^{6x+2} = 4^{2x+3}$ ((3) aus obigem Kasten)

  Diese Gleichung läßt sich so umformen, dass auf beiden Seiten Potenzen mit der Basis 2 stehen, nämlich:
  $$2^{6x-2} = 4^{2x+3} \iff 2^{6x-2} = (2^2)^{2x+3}$$
  $$\iff 2^{6x-2} = 2^{2(2x+3)}$$
  Eine Exponentialgleichung $a^{t_1} = a^{t_2}$ mit $a > 0, a \neq 1$ ist äquivalent zur Gleichung $t_1 = t_2$ (zur Begründung siehe Abschnitt 4.4.).
  Also folgt hier $6x - 2 = 2(2x + 3)$, und das ist eine lineare Gleichung, die man wie üblich löst.
  $$6x - 2 = 4x + 6 \iff 2x = 8 \iff \underline{x = 4}$$

- $3 \cdot 4^x = 2 \cdot 5^x$

  Durch Umformung ergibt sich $(\frac{4}{5})^x = \frac{2}{3}$. Logarithmieren (mit einem beliebigen Logarithmus, z.B. mit ln) liefert hier
  $x \cdot \ln 0,8 = \ln \frac{2}{3}$, also $x = \dfrac{\ln 2 - \ln 3}{\ln 0,8} \approx \underline{1,817}$.

- $7^{2x-1} = 3 \cdot 5^{x-3}$

  Logarithmieren ergibt $(2x - 1)\ln 7 = \ln 3 + (x - 3)\ln 5$ und das ist eine lineare Gleichung. Man löst sie wie üblich:
  $(2\ln 7)x - \ln 7 = \ln 3 + (\ln 5)x - 3\ln 5$
  $\iff (2\ln 7)x - (\ln 5)x = \ln 3 + \ln 7 - 3\ln 5$
  $\iff x \cdot (2\ln 7 - \ln 5) = \ln 3 + \ln 7 - 3\ln 5$
  $\iff x = \dfrac{\ln 3 + \ln 7 - 3\ln 5}{2\ln 7 - \ln 5} = \dfrac{\ln \frac{21}{125}}{\ln \frac{49}{5}} \approx \underline{-0,782}$

- $2^{2x} + 5 \cdot 2^{x+1} - 11 = 0$ ((4) aus obigem Kasten)

  ist äquivalent zu $(2^x)^2 + 10 \cdot 2^x - 11 = 0$.
  Substituiert man jetzt $2^x = z$, so erhält man die quadratische Gleichung
  $$z^2 + 10z - 11 = 0 \iff (z+11)(z-1) = 0$$
  Also folgt $z = 1$ oder $z = -11$. Durch Einsetzen in die Substitutionsgleichung $2^x = z$ erhält man $2^x = 1$ oder $2^x = -11$. $2^x = -11$ besitzt keine Lösung. Also ist $x = 0$ (die Lösung von $2^x = 1$) die einzige Lösung der gegebenen Exponentialgleichung.

- $3^x + 2x = 5$

  Solche Gleichungen, in denen die Variable im Exponenten und auch als Potenz vorkommt, lassen sich nur näherungsweise mit entsprechenden Verfahren (siehe z.B. **REP**) lösen.

Kapitel 3

Einiges im $\mathbb{R}^2$

Beschäftigt man sich mit Gleichungen oder Ungleichungen in zwei Variablen, so bewegt man sich in der Ebene $\mathbb{R}^2$.
Unter $\mathbb{R}^2$ versteht man die Menge der Punkte $\{(x,y)\,|\,x,y \in \mathbb{R}\}$.
Für einen Punkt $(x,y) \in \mathbb{R}^2$ heißen x und y die Koordinaten (Komponenten) des Punktes. Die Darstellung des $\mathbb{R}^2$ erfolgt üblicherweise in einem x,y-Koordinatensystem, welches nebenstehend skizziert ist (die (x,y)-Ebene). Die waagerechte Achse ist die x-Achse, die senkrechte Achse ist die y-Achse. Skizziert sind in dem Koordinatensystem die Punkte $P = (2,3)$ und $Q = (-1,-2)$.

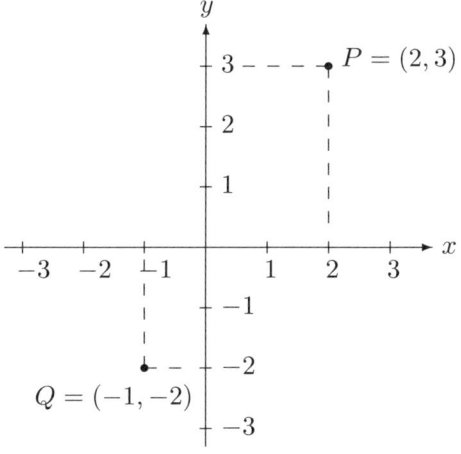

Bei einem Punkt $P = (x,y)$ nennt man die Zahl x auch die **Abszisse** von P und y die **Ordinate** von P.
Der Punkt $(0,0)$ heißt **Nullpunkt** oder **Ursprung**.

Durch die x-Achse und die y-Achse wird die Ebene in vier Bereiche eingeteilt, die man die **Quadranten** nennt und wie nebenstehend von 1 bis 4 numeriert. Beispielsweise liegen im 3. Quadranten die Punkte $\{(x,y) \mid x < 0, y < 0\}$.

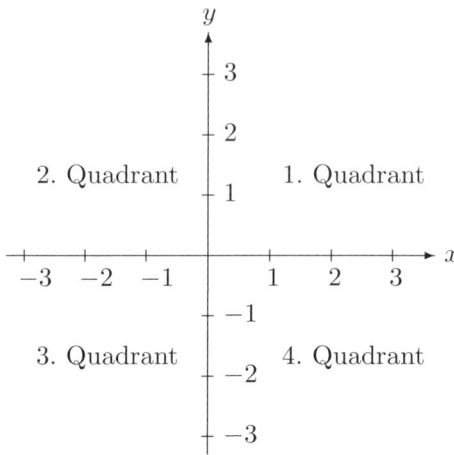

3.1 Lineare Gleichungssysteme mit zwei Variablen

Lineare Gleichungen mit zwei Variablen sind Gleichungen der Form

$$ax + by + c = 0 \quad (a, b, c \in \mathbb{R}, (a,b) \neq (0,0))$$

(Z.B. werden auch $x = 1$ und $2y = 6$ als lineare Gleichungen in zwei Variablen bezeichnet, wenn klar ist, dass diese Gleichungen im $\mathbb{R}^2$ zu betrachten sind, statt $x = 1$ also $x + 0 \cdot y = 1$ zu lesen wäre.)

Die Menge derjenigen Punkte des $\mathbb{R}^2$, die eine lineare Gleichung in zwei Variablen erfüllen, bilden eine Gerade. In nebenstehender Skizze sind die Lösungsmengen der Gleichungen (in den Variablen x und y)

$$\begin{aligned} x + y &= 1 \\ x &= 1 \\ 2y &= 6 \end{aligned}$$

skizziert.

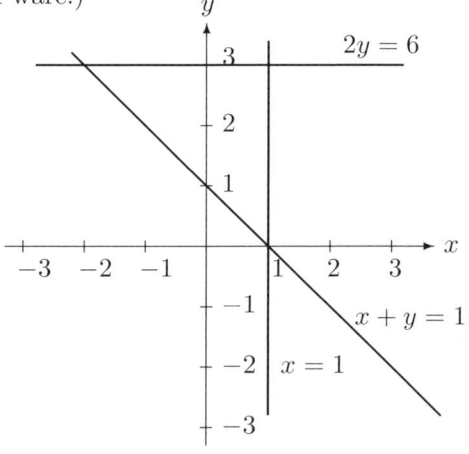

Sind eine oder mehrere lineare Gleichungen in zwei Variablen gegeben und alle Punkte gesucht, die diese Gleichungen gleichzeitig erfüllen, so spricht man von einem **linearen Gleichungssystem** (in zwei Variablen).

3.1. LINEARE GLEICHUNGSSYSTEME MIT ZWEI VARIABLEN

Beispiel:
$$x - y = 1 \quad (1)$$
$$2x + y = 5 \quad (2)$$

Es gibt verschiedene Methoden, solch ein Gleichungssystem zu lösen, die an diesem Beispiel erläutert werden sollen.

1. **Einsetzungsverfahren**
   a) Man löst eine der Gleichungen nach einer Variablen auf, z.B. ist (1) äquivalent zu $x = 1 + y$.
   b) Dies wird jetzt in Gleichung (2) eingesetzt und liefert
   $$2(1+y) + y = 5 \iff 2 + 2y + y = 5 \iff y = 1.$$
   c) Mit $y = 1$ ergibt sich aus a) dann $x = 2$.
   Also ist $L = \{(2,1)\}$. (Man beachte die Reihenfolge der Koordinaten!)

2. **Gleichsetzungsverfahren**
   a) Beide Gleichungen werden nach derselben Variablen aufgelöst:
   $(1) \iff y = x - 1$ und $(2) \iff y = 5 - 2x$.
   b) Die rechten Seiten dieser Gleichungen werden gleichgesetzt:
   $x - 1 = 5 - 2x \iff x = 2$
   c) Einsetzung von $x = 2$ in eine der Gleichungen unter a) liefert $y = 1$.

3. **Additionsverfahren**
   a) Jede der Gleichungen wird so mit einem Faktor $\neq 0$ multipliziert, dass bei Addition der Gleichungen eine der Variablen wegfällt. Hier können (1) und (2) direkt addiert werden (also wird jeweils mit 1 multipliziert).
   $$\begin{array}{rcl} x - y & = & 1 \\ 2x + y & = & 5 \\ \hline 3x & = & 6 \end{array} \quad \text{Es folgt } x = 2.$$
   b) Einsetzen in eine der Gleichungen, z.B. in (1), liefert $y = 1$.

Da jede lineare Gleichung mit zwei Variablen eine Gerade darstellt, bedeutet das Lösen eines linearen Gleichungssystems mit zwei Variablen die Bestimmung der gemeinsamen Punkte aller dargestellten Geraden. In unserem Beispiel schneiden sich die beiden Geraden genau im Punkt $(2,1)$.

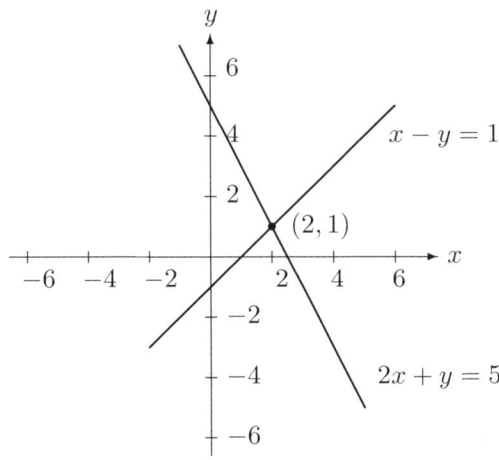

Das Additionsverfahren hat den Vorteil, dass man es auf größere lineare Gleichungssysteme (mehr Variablen und Gleichungen) verallgemeinern und rechnerisch schematisieren kann (Stichwort: GAUSSsches Eliminationsverfahren). Weitere **Beispiele** (gelöst mit dem Additionsverfahren, d.h. es wird jeweils wie angegeben multipliziert, und dann werden die Gleichungen addiert.)

- $$\begin{array}{rcl} 2x - 3y & = & 10 \\ 5x + y & = & 8 \quad |\cdot 3 \\ \hline 17x & = & 34 \\ x & = & 2 \end{array}$$ oder Regie in anderer Form $$\left.\begin{array}{rcl} 2x - 3y & = & 10 \\ 5x + y & = & 8 \\ \hline 17x & = & 34 \\ x & = & 2 \end{array}\right] \begin{array}{c} 1 \\ 3 \end{array}$$

  Einsetzen z.B. in die zweite Gleichung liefert:
  $10 + y = 8 \implies y = -2$ Also gilt $L = \{(2, -2)\}$.

- $$\left.\begin{array}{rcl} 3x - 2y & = & -7 \\ 2x + 5y & = & 8 \\ \hline -19y & = & -38 \\ y & = & 2 \end{array}\right] \begin{array}{c} 2 \\ -3 \end{array}$$

  Einsetzen z.B. in die erste Gleichung liefert:
  $3x - 4 = -7 \implies x = -1$ Also ist $L = \{(-1, 2)\}$.

- $$\left.\begin{array}{rcl} -2x + y & = & -2 \\ 4x - 2y & = & 0 \\ \hline 0 & = & -4 \end{array}\right] \begin{array}{c} 2 \\ 1 \end{array}$$

  Man erhält eine falsche Aussage; es gibt keine Lösung, d.h. $L = \emptyset$. Geometrisch bedeutet dies, dass die Geraden keine gemeinsamen Punkte haben. Sie sind parallel.

- $$\left.\begin{array}{rcl} -2x + y & = & -2 \\ 4x - 2y & = & 4 \\ \hline 0 & = & 0 \end{array}\right] \begin{array}{c} 2 \\ 1 \end{array}$$

  Die zweite Gleichung ist das -2-fache der ersten Gleichung. Die Gleichungen stellen daher die gleiche Gerade dar und die Lösungsmenge des linearen Gleichungssystems ist die Menge der Punkte dieser Geraden.

Will man die durch eine lineare Gleichung gegebene Gerade schnell skizzieren, sind folgende Überlegungen von Vorteil:

1. Eine Gleichung, in der y nicht vorkommt, liefert durch Umformung zu $x = c$ eine zur y-Achse parallele Gerade, die durch den Punkt $(c, 0)$ auf der x-Achse verläuft.

2. Eine Gleichung, in der x nicht vorkommt, liefert durch Umformung zu $y = c$ eine zur x-Achse parallele Gerade, die durch den Punkt $(0, c)$ auf der y-Achse verläuft.

3.1. LINEARE GLEICHUNGSSYSTEME MIT ZWEI VARIABLEN

3. Ist $ax + by = c$ mit $a \neq 0$ und $b \neq 0$ gegeben, so kann man wie folgt vorgehen:
   (i) Man bestimmt zwei verschiedene Punkte $(x_1, y_1), (x_2, y_2)$, die die Gleichung erfüllen. Dann ist die durch die Gleichung gegebene Gerade festgelegt, da durch zwei verschiedene Punkte genau eine Gerade verläuft.
   (ii) Man formt die Gleichung äquivalent zu

   $$y = -\frac{a}{b}x + \frac{c}{a} =: mx + n$$

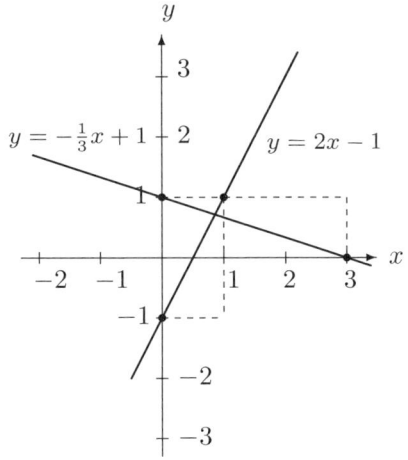

   um und betrachtet z.B. die beiden speziellen Punkte $(0, n)$ und $(1, m + n)$, durch die die Gerade eindeutig festgelegt ist. In der Form $y = mx + n$ gibt n also die Stelle an, an der die Gerade die y-Achse schneidet. Einen zweiten Punkt erhält man dann, wenn man von diesem Punkt $(n, 0)$ um eine Einheit nach rechts geht (zu $x = 1$) und um m Einheiten nach oben (falls $m > 0$) oder um $|m|$ Einheiten nach unten (falls $m < 0$).
   Diesen Höhenzuwachs (bzw. Höhenverminderung) m beim Gang um den Schritt 1 nach rechts bezeichnet man als **Steigung** der Geraden.

Diejenige Gerade, die durch die Punkte (x_1, y_1) und (x_2, y_2) mit $x_1 \neq x_2$ verläuft, ist gegeben durch die folgende Gleichung:

Zwei-Punkte-Form einer Geraden durch (x_1, y_1) und (x_2, y_2)

$$\frac{y - y_2}{x - x_2} = \frac{y_1 - y_2}{x_1 - x_2} \quad \text{bzw.} \quad y - y_2 = \frac{y_1 - y_2}{x_1 - x_2}(x - x_2)$$

Der Faktor $\frac{y_1 - y_2}{x_1 - x_2} = \frac{\text{Differenz der } y\text{-Werte}}{\text{Differenz der } x\text{-Werte}}$ heißt **Steigung**, und wird üblicherweise mit m bezeichnet.

Eine Gerade ist auch durch Angabe eines Punktes und durch ihre Steigung m eindeutig festgelegt. Sie wird beschrieben durch die folgende Gleichung:

Punkt-Steigungs-Form einer Geraden durch (x_1, y_1) mit Steigung m
$$y - y_1 = m(x - x_1)$$

Schneidet eine Gerade g die x-Achse bei $(a,0)$ und die y-Achse bei $(0,b)$, so bezeichnet man a und b als **Achsenabschnitte**, falls $a, b \neq 0$ sind.

Sind a und b gegeben, so lautet die Geraden mit diesen Achsenabschnitten:

Achsenabschnittsform einer Geraden
$$\frac{x}{a} + \frac{y}{b} = 1 \; , \; a, b \neq 0$$

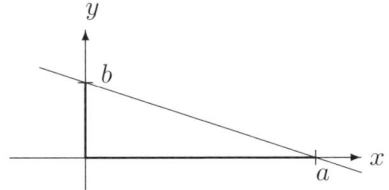

Beispiele zum Aufstellen von Gleichungen für Geraden:

- Gerade durch $(1,2)$ und $(-1,3)$:
$$y - 2 = \tfrac{3-2}{-1-1}(x-1) \iff y - 2 = -\tfrac{1}{2}(x-1)$$
$$\iff y = -\tfrac{1}{2}x + \tfrac{5}{2}$$

- Gerade durch $(-3,5)$ und $(1,-1)$:
$$y - 5 = \tfrac{-1-5}{1-(-3)}(x-(-3)) \iff y - 5 = -\tfrac{3}{2}(x+3)$$
$$\iff y = -\tfrac{3}{2}x + \tfrac{1}{2}$$

- Gerade durch $(-2,1)$ mit Steigung 5:
$$y - 1 = 5(x+2) \iff y = 5x + 11$$

- Gerade durch $(-1,-2)$ mit Steigung $-\tfrac{1}{3}$:
$$y + 2 = -\tfrac{1}{3}(x+1) \iff y = -\tfrac{1}{3}x - \tfrac{7}{3}$$

- Gerade durch $(0,5)$ und $(3,0)$:
$$\tfrac{x}{3} + \tfrac{y}{5} = 1 \iff y = -\tfrac{5}{3}x + 5$$

- Gerade mit den Achsenabschnitten -1 und -4:
$$\tfrac{x}{-1} + \tfrac{y}{-4} = 1 \iff y = -4x - 4$$

Beispiele für Textaufgaben, die auf lineare Gleichungssysteme mit zwei Variablen führen.

Zwei Orte liegen 440 km auseinander. Um 8 Uhr fährt ein Auto mit 80 km/h von A nach B, um 10 Uhr fährt ein Auto mit 60 km/h von B nach A. Wann und wo treffen sie sich?

Lösung:

Sei t die Anzahl der Stunden ab 8 Uhr, s km die Entfernung von A in Richtung B.
Für das Auto ab A gilt: $\quad s = 80t$
Für das Auto ab B gilt: $\quad s = 440 - 60(t-2)$
Lösung mit der Gleichsetzungsmethode:
$$80t = 440 - 60(t-2) \iff 140t = 560$$
$$\iff t = 4$$
Treffpunkt 12 Uhr, 320 km von A entfernt.

Bewegungsdiagramm

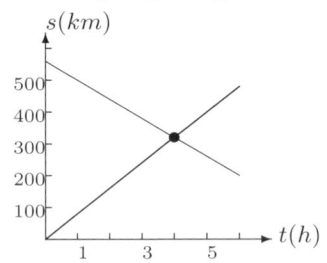

3.1. LINEARE GLEICHUNGSSYSTEME MIT ZWEI VARIABLEN   51

> Ein Radrennfahrer verfolgt eine Gruppe von Fahrern, die 30 km/h fährt, und die einen Vorsprung von 20 km hat mit einer Geschwindigkeit von 36 km/h. Wann holt er die Gruppe ein?

Lösung:
Wir benutzen wieder s und t für Weg und Zeit.
Bewegung des Einzelfahrers: $s = 36t$
Bewegung der Gruppe: $s = 20 + 30t$
Lösung mit der Gleichsetzungsmethode:
$36t = 20 + 30t \iff t = \frac{20}{6} = 3\frac{1}{3}$
Er holt die Gruppe nach 3 Stunden und 20 Minuten (nach 120 km Fahrt) ein.
Klar: er ist 6 km/h schneller, benötigt für 20 km also $3\frac{1}{3}$ Stunden.

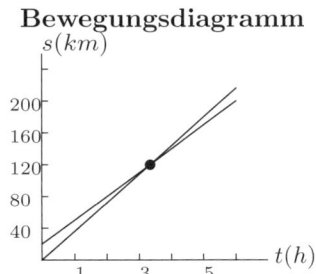

Bewegungsdiagramm

> Ein Ausflugsdampfer braucht für eine Flußstrecke von 35 km stromabwärts 1 Stunde und 24 Minuten, für den Rückweg stromauf 2 Stunden und 20 Minuten. Wie groß ist die Geschwindigkeit des Schiffes gegenüber dem Wasser, und wie groß ist die Fließgeschwindigkeit des Wassers?

Lösung:
Wir setzen die Eigengeschwindigkeit des Schiffes mit v_1 km/h und die Fließgeschwindigkeit des Wassers mit v_2 km/h an.
Für den Hinweg gilt: $\frac{84}{60}(v_1 + v_2) = 35$ $\iff$ $v_1 + v_2 = \frac{35 \cdot 60}{84} = 25$
Für den Rückweg gilt: $\frac{140}{60}(v_1 - v_2) = 35$ $v_1 - v_2 = \frac{35 \cdot 60}{140} = 15$
Addition liefert $2v_1 = 40$, also $v_1 = 20$ und weiter $v_2 = 5$.
Eigengeschwindigkeit des Schiffes: 20 km/h, Fließgeschwindigkeit des Wassers: 5 km/h.

> Ein Vater war vor 7 Jahren 7 mal so alt wie seine Tochter. In 3 Jahren wird er 3 mal so alt wie sie sein. Wie alt sind beide jetzt?

Lösung:
Alter des Vaters jetzt: x Jahre;   Alter der Tochter jetzt: y Jahre.
Die erste Aussage liefert: $x - 7 = 7(y - 7)$ $\iff$ $x - 7y = -42$
Die zweite Aussage liefert: $x + 3 = 3(y + 3)$ $x - 3y = 6$
Subtraktion liefert $-4y = -48$, also $y = 12$ und weiter $x = 42$.
Der Vater ist jetzt 42 Jahre alt, die Tochter 12 Jahre alt.

> Ein Wasserbehälter hat zwei Zuflußrohre. Ist das erste Rohr 25 min geöffnet und das zweite Rohr 30 min, so fließen 1390 l in den Behälter, ist das erste Rohr 10 min und das zweite Rohr 15 min geöffnet, so fließen 640 l in den Behälter. Wieviel Wasser liefert jedes Rohr pro Minute?

Lösung:
Erstes Rohr: x l pro Minute;   zweites Rohr: y l pro Minute
  1. Aussage: $25x + 30y = 1390$ $|\cdot 1$ Es folgt $x = 22$ und weiter z.B.
  2. Aussage: $\underline{10x + 15y = 640}$ $|\cdot(-2)$ $220 + 15y = 640$, also $y = 28$.
                    $5x = 110$

Das erste Rohr liefert 22 l Wasser pro Minute, das zweite Rohr 28 l Wasser.

3.2 Lineare Ungleichungen mit zwei Variablen

Entsprechend 3.1. ist eine lineare Ungleichung in zwei Variablen gegeben durch

$$ax + by \leq c \quad (a, b, c \in \mathbb{R}, (a,b) \neq (0,0))$$

wobei statt $\leq$ auch $<, \geq, >$ stehen kann.

Die Lösungsmenge einer linearen Ungleichung mit zwei Variablen ist eine Halbebene. In nebenstehender Skizze erfüllen genau die Punkte
über $\qquad\qquad y > mx + n$
auf der Geraden $\quad y = mx + n$
die Bedingung
unter $\qquad\qquad y < mx + n$.

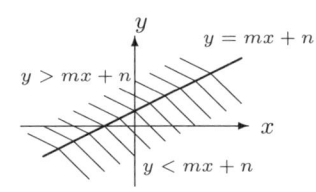

Beispiel: $x - \frac{1}{2}y - 2 \leq 0$
Lösungsmenge dieser Ungleichung ist die nebenstehend schraffiert skizzierte Halbebene mit Rand (mit der Geraden), denn:
$x - \frac{1}{2}y - 1 \leq 0 \Longleftrightarrow -\frac{1}{2}y \leq 2 - x$
$\qquad\qquad\qquad \Longleftrightarrow y \geq 2x - 4$
Es wird die Randgerade $y = 2x - 4$ skizziert, und das Ungleichungszeichen zeigt, welche Halbebene die Lösungsmenge ist (siehe oben), in den Beispielen jeweils schraffiert.

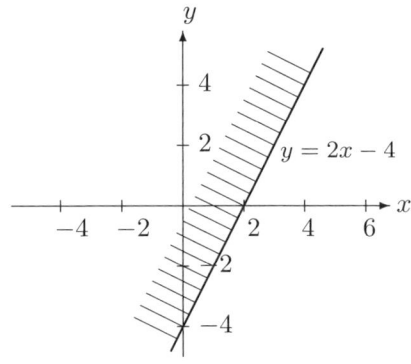

Die Lösungsmenge eines Systems von mehreren linearen Ungleichungen in zwei Variablen ist der Durchschnitt der Lösungsmenge der einzelnen Ungleichungen des Systems, also der Durchschnitt von gewissen Halbebenen.

Beispiele:
- $\quad\begin{aligned}2x + y &\leq 4 \\ x - y &\leq -1\end{aligned}$

$\Longleftrightarrow$

$\qquad\begin{aligned}y &\leq -2x + 4 \\ y &\geq x + 1\end{aligned}$

Lösungsmenge ist der Durchschnitt der beiden Halbebenen $y \leq -2x + 4$ und $y \geq x + 1$, also der links von $(1, 2)$ liegende Bereich zwischen den Geraden einschließlich der Geraden.

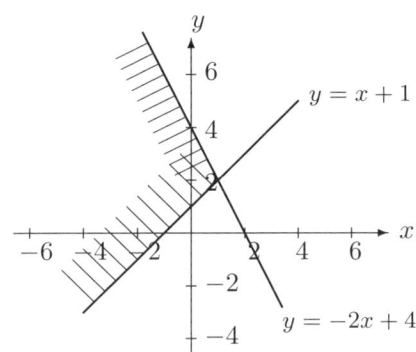

- $$\begin{aligned} y &\leq x \\ x+y &\leq 2 \\ x &\geq 0 \end{aligned}$$
  $\iff$
  $$\begin{aligned} y &\leq x \\ y &\leq 2-x \\ x &\geq 0 \end{aligned}$$
  Lösungsmenge ist das skizzierte von allen drei Schraffuren überdeckte Dreieck mit Rand.

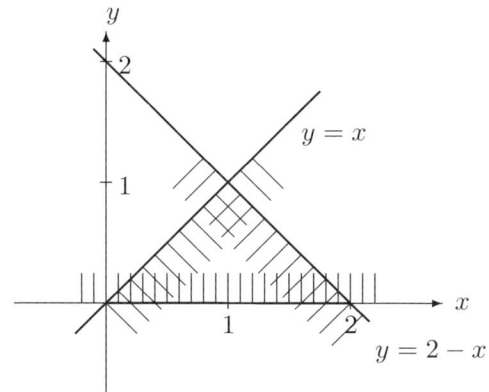

- $|x+y| < 2$
  Diese Ungleichung mit einem Betrag steht für ein Ungleichungssystem, und zwar $x+y < 2$ und $x+y > -2$, kurz $-2 < x+y < 2$. Also:
  $$\begin{aligned} &|x+y| < 2 \\ \iff\ &-2 < x+y < 2 \\ \iff\ &-2-x < y < -x+2 \end{aligned}$$
  Lösungsmenge ist also die Menge der Punkte zwischen den beiden parallelen Geraden, ohne die Geraden selbst.

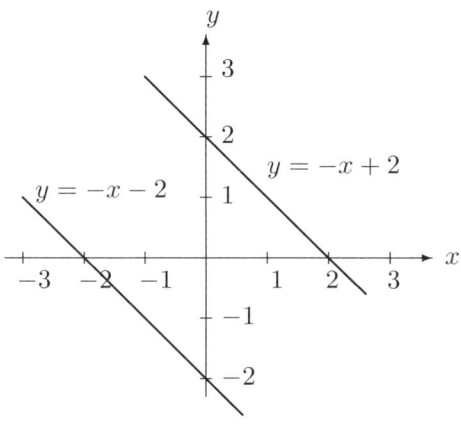

- $|x| + |y| \leq 2$
  1. Fall: $x, y > 0$
  $|x| + |y| \leq 2 \iff x + y \leq 2$
  Im 1. Quadranten gehören die Punkte unterhalb der Geraden $y = 2 - x$ zur Lösungsmenge. Da in der Ungleichung y nur in der Form $|y|$ vorkommt, ist die Lösungsmenge symmetrisch zur x-Achse. Entsprechend ist sie auch symmetrisch zur y-Achse. So ergibt sich die nebenstehend skizzierte Lösungsmenge.

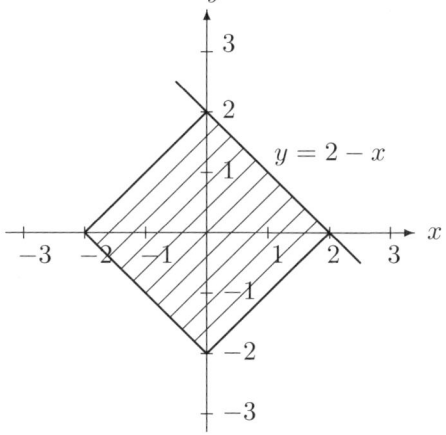

3.3 Spezielle Gleichungen mit zwei Variablen

Hier sollen die Gleichungen der Form
(*) $\qquad ax^2 + by^2 + cx + dy + e = 0 \quad , \quad a,b,c,d,e \in \mathbb{R}$
behandelt werden, und die Punktmengen beschrieben werden, die durch solche Gleichungen im $\mathbb{R}^2$ gegeben sind.
Für $a = b = 0$ erhält man lineare Gleichungen, die in 3.1. behandelt wurden.
Wir setzen jetzt also $(a,b) \neq (0,0)$ voraus.
Zunächst betrachten wir die Gleichung $x^2 + y^2 = r^2$. Ein Punkt (x, y) erfüllt diese Gleichung, wenn sein Abstand vom Punkt $(0,0)$ gleich r ist. Dies erkennt man an der folgenden Skizze sofort durch Anwendung des Satzes von PYTHAGORAS auf das Dreieck mit den Eckpunkten $(0,0), (x,0)$ und (x,y).

Also beschreibt $x^2 + y^2 = r^2$ den Kreis um den Ursprung mit dem Radius r.

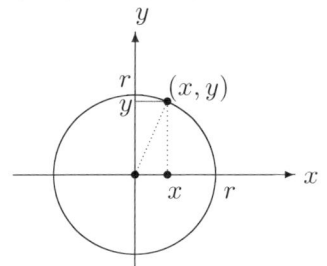

Kreisgleichung
$x^2 + y^2 = r^2$
Kreis um den Nullpunkt mit Radius r

$\boxed{x^2 + y^2 = 1}$ **Einheitskreis**

Weitere Gleichungen, die sich aus (*) ergeben können, mit den zugehörigen Kurven, sind:

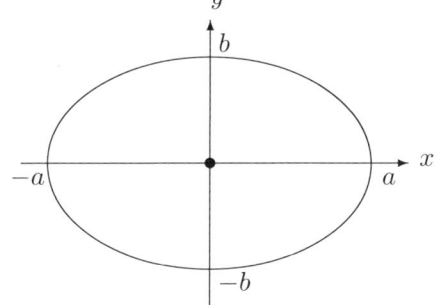

Ellipsengleichung
$$\frac{x^2}{a^2} + \frac{y^2}{b^2} = 1$$
Ellipse mit Mittelpunkt im Ursprung und den Halbachsen a und b.

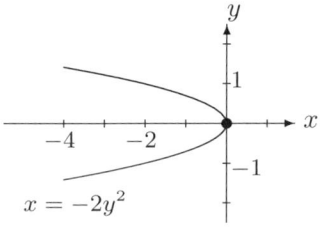

Parabelgleichung
(1) $y = ax^2$ oder (2) $x = ay^2$
Parabeln mit Scheitelpunkt $(0,0)$,
Richtung y-Achse geöffnet (1),
Richtung x-Achse geöffnet (2).

3.3. SPEZIELLE GLEICHUNGEN MIT ZWEI VARIABLEN

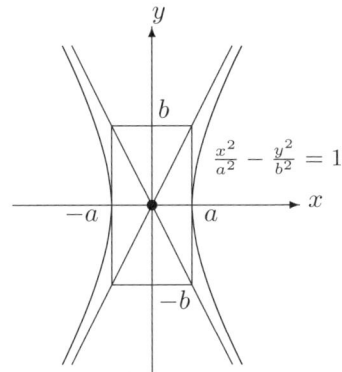

Hyperbelgleichung
$$\frac{x^2}{a^2} - \frac{y^2}{b^2} = \pm 1$$
Hyperbeln mit Mittelpunkt $(0,0)$,
Richtung x-Achse geöffnet bei $+1$,
Richtung y-Achse geöffnet bei -1,
Halbachsen a und b,
Asymptoten $y = \pm \frac{b}{a} x$

Kurzinformationen zu den Kurven:
Eine **Ellipse** ist die Menge aller Punkte einer Ebene, für die die Summe der Abstände von zwei festen Punkten F_1 und F_2 konstant ist. F_1 und F_2 heißen die Brennpunkte der Ellipse.
Eine **Hyperbel** ist die Menge aller Punkte einer Ebene, für die der Betrag der Differenz der Abstände von zwei festen Punkten F_1 und F_2 konstant ist. F_1 und F_2 heißen die Brennpunkte der Hyperbel.
Bei einer Hyperbel liegt die Bedeutung von a und b darin, dass sie, wie aus der Skizze ersichtlich ist, den Verlauf der **Asymptoten** der Hyperbel (Geraden, denen die Hyperbel beliebig nahe kommt) bestimmen.
Eine **Parabel** ist die Menge aller Punkte einer Ebene, für die der Abstand von einem festen Punkt F und einer Geraden l gleich ist. F heißt Brennpunkt, l heißt Leitlinie der Parabel.
Diese Kurven werden i.a. als **Kegelschnitte** bezeichnet. Hierzu und für weitere Eigenschaften dieser Kurven, insbesondere Brennpunkte und Leitlinie – auf die wir hier nicht eingehen – sei auf das Buch **F+H** verwiesen.
Liegen die Mittelpunkte (Scheitelpunkte) dieser Kurven nicht im Nullpunkt, so werden sie durch die folgenden allgemeineren Gleichungen beschrieben:

Kegelschnitte in allgemeiner (achsenparalleler) **Lage**

Kreis (1) $(x - x_m)^2 + (y - y_m)^2 = r^2$
Kreis mit Mittelpunkt (x_m, y_m) und Radius r

Ellipse (2) $\dfrac{(x - x_m)^2}{a^2} + \dfrac{(y - y_m)^2}{b^2} = 1$
Ellipse mit Mittelpunkt (x_m, y_m) und Halbachsen a und b

Hyperbel (3) $\dfrac{(x - x_m)^2}{a^2} - \dfrac{(y - y_m)^2}{b^2} = \pm 1$ $\quad$ ($+$: rechts-links geöffnet)
$\quad\quad\quad\quad\quad\quad\quad\quad\quad\quad\quad\quad\quad\quad\quad\quad\quad\quad\quad$ ($-$: oben-unten geöffnet)
Asymptoten: $y - y_m = \pm \frac{b}{a}(x - x_m)$

Parabel (4) $\begin{array}{l} y - y_s = a(x - x_s)^2 \\ x - x_s = a(y - y_s)^2 \end{array}$ $\quad$ Zur y-Achse geöffnet
$\quad\quad\quad\quad\quad\quad\quad\quad\quad\quad\quad\quad\quad\quad\quad\;\,$ Zur x-Achse geöffnet
Scheitelpunkt (x_s, y_s)

Beispiele:

Kreis

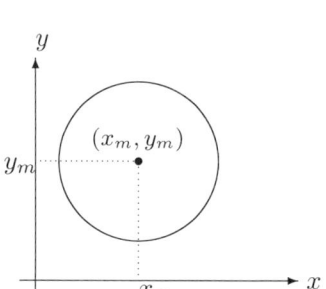

Ellipse

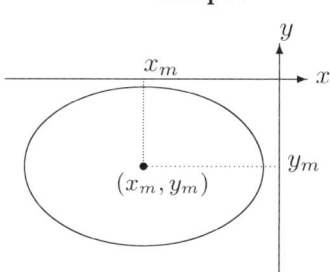

Parabel

Hyperbel

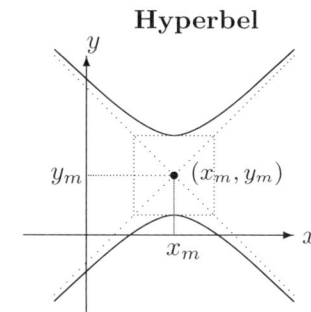

Die durch die **allgemeine Gleichung 2. Grades** (hier taucht im Vergleich mit (*) zusätzlich ein Term xy auf)
$$ax^2 + by^2 + 2cxy + 2dx + 2ey + f = 0$$
gegebenen Kurven zweiter Ordnung sind die sog. Kegelschnitte. Sie lassen sich durch gewisse **Invarianten** leicht klassifizieren - siehe dazu ebenfalls **F+H**. Zur Skizzierung solcher Kurven sind schwierigere Überlegungen notwendig, die i.a. über das Schulwissen hinausgehen.

Wir stellen hier nur dar, wie man an einer gegebenen Gleichung $ax^2+by^2+cx+dy+e=0$ (also ohne Term xy) schnell den dargestellten Kurventyp erkennen kann. Dazu schaue man sich a und b an und unterscheide wie folgt:

1. $a \neq 0$, $b = 0$ Versuche, auf die Form (4) zu bringen.   (**Parabel**)
2. $a = 0$, $b \neq 0$ Versuche, auf die Form (4) zu bringen.   (**Parabel**)
3. $a \neq 0, b \neq 0$
    α) $a = b$ Versuche, auf die Form (1) zu bringen.   (**Kreis**)
    β) $a \neq b$ und $ab > 0$,   d.h. a und b haben gleiches Vorzeichen.
       Versuche, auf die Form (2) zu bringen.   (**Ellipse**)
    γ) $a \neq b$ und $ab < 0$,   d.h. a und b haben unterschiedliches Vorzeichen.
       Versuche, auf Form (3) zu bringen.   (**Hyperbel**)

3.3. SPEZIELLE GLEICHUNGEN MIT ZWEI VARIABLEN

Es können einige Sonderfälle auftreten, auf die in den Beispielen eingegangen wird.
Bei den Termumformungen werden überwiegend **quadratische Ergänzungen** benutzt.
Beispiele:

- $x^2 + y^2 - 2x + 4y - 4 = 0$ $\iff$ $x^2 - 2x + y^2 + 4y = 4$
  $a = b = 1$ $\iff$ $(x-1)^2 + (y+2)^2 = 4 + 1 + 4$
  (umformen zur Form (1)) $\iff$ $(x-1)^2 + (y+2)^2 = 9$
  Kreis um $(1, -2)$ mit Radius 3

- $2x^2 + 4x + y = 0$ $\iff$ $y = -2(x^2 + 2x)$
  $a = 2$, $b = 0$ $\iff$ $y = -2((x+1)^2 - 1)$
  (umformen zur Form (4)) $\iff$ $y - 2 = -2(x+1)^2$
  $\iff$ nach unten geöffnete **Parabel**
  mit Scheitelpunkt $S = (-1, 2)$.

- $2x^2 - 3y^2 + 4x - 18y - 13 = 0$ $\iff$ $2(x^2 + 2x) - 3(y^2 + 6y) = 13$
  $a = 2$, $b = -3$ $\iff$ $2((x+1)^2 - 1) - 3((y+3)^3 - 9) =$
  $= 13$
  (umformen zu (3)) $\iff$ $2(x+1)^2 - 3(y+3)^2 = 3 + 2 - 27$
  $\iff$ $\frac{(y+3)^2}{4} - \frac{(x+1)^2}{6} = 1$
  in y-Richtung geöffnete **Hyperbel**
  mit Mittelpunkt $(-1, -3)$.

- $x^2 + 2y^2 - 2y = 3$ $\iff$ $x^2 - 2x + 2y^2 = 3$
  $a = 1$, $b = 2$ $\iff$ $(x-1)^2 - 1 + 2y^2 = 3$
  (umformen zur Form (2)) $\iff$ $\frac{(x-1)^2}{4} + \frac{y^2}{2} = 1$
  Ellipse mit Mittelpunkt $(1, 0)$
  und den Halbachsen 2 und $\sqrt{2}$

- $-\frac{1}{2}y^2 + 2x - y = 1$ $\iff$ $2x = \frac{1}{2}(y^2 + 2y) + 1$
  $a = 0$, $b = -\frac{1}{2}$ $\iff$ $2x = \frac{1}{2}((y+1)^2 -) + 1$
  (umformen zu Form (4)) $\iff$ $2x - \frac{1}{2} = \frac{1}{2}(y+1)^2$
  $\iff$ $x - \frac{1}{4} = \frac{1}{4}(y+1)^2$
  nach rechts geöffnete **Parabel**
  mit Scheitelpunkt $(\frac{1}{4}, -1)$

- $x^2 - y^2 - 2x + 2y = 0$ $\iff$ $(x-1)^2 - (y-1)^2 = 0$
  $a = 1$, $b = -1$ $\iff$ $|x - 1| = |y - 1|$
  (4) ist nicht erreichbar $\iff$ $y - 1 = x - 1$ oder
  $y - 1 = -(x-1)$
  $\iff$ $y = x$ oder $y = -x + 2$
  Paar sich schneidender Geraden

- $2x^2 + y^2 + 6y + 10 = 0$ $\iff$ $2x^2 + (y+3)^2 - 9 + 10 = 0$
  $a = 2$, $b = 1$ $\iff$ $2x^2 + (y+3)^2 = -1$
  (umformen zu Form (2)) (2) ist nicht erreichbar
  Die letzte Gleichung zeigt aber, dass $L = \emptyset$ gilt, da die Summe von zwei Quadraten niemals negativ sein kann.
  (Stände in der Ausgangsgleichung $+9$ statt $+10$, so erhielte man als letzte Gleichung $2x^2 + (y+3)^2 = 0$, und diese Gleichung hat die einelementige Lösungsmenge $L = \{(0, -3)\}$.)

Es sind also gewisse **entartete Fälle** bei der Gleichung (*) möglich.

Noch drei Beispiele zum Üben (Umformen, so dass die darunterstehende Skizze klar ist).

$x^2 - 2y - 4x + 6 = 0$ $\quad$ $2x^2 + \frac{1}{2}y^2 - 8x + y + \frac{1}{2} = 0$ $\quad$ $x^2 - y^2 - 4x + 2y + 4 = 0$
$\iff$ $\quad\quad\quad\quad\quad\quad\quad\quad\quad \iff \quad\quad\quad\quad\quad\quad\quad\quad\quad\quad \iff$
$2y = x^2 - 4x + 6$ $\quad\quad$ $2(x^2 - 4x) + \frac{1}{2}(y^2 + 2y) = -\frac{1}{2}$ $\quad\quad$ $(x-2)^2 - (y-1)^2 = -1$
$2y = (x-2)^2 + 2$ $\quad\quad$ $2(x-2)^2 + \frac{1}{2}(y+1)^2 = 8$ $\quad\quad\quad\quad$ $(y-1)^2 - (x-2)^2 = 1$
$y - 1 = \frac{1}{2}(x-2)^2$ $\quad\quad$ $\frac{(x-2)^2}{4} + \frac{(y+1)^2}{16} = 1$

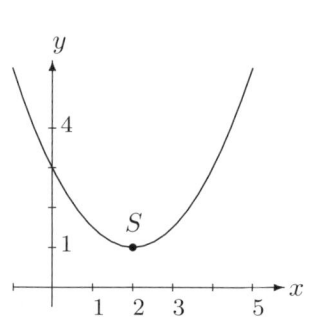
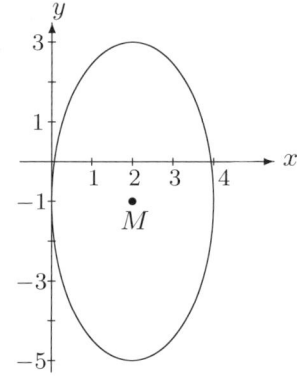
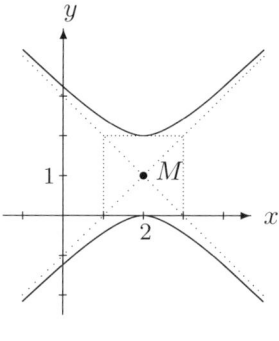

Parabel $\quad\quad\quad\quad\quad\quad$ **Ellipse** $\quad\quad\quad\quad\quad\quad$ **Hyperbel**

$y - 1 = \frac{1}{2}(x-2)^2$ $\quad\quad$ $\frac{(x-2)^2}{4} + \frac{(y+1)^2}{16} = 1$ $\quad\quad$ $(y-1)^2 - (x-2)^2 = 1$

Scheitelpunkt $S = (2, 1)$ $\quad$ Mittelpunkt $M = (2, -1)$ $\quad$ Mittelpunkt $M = (2, 1)$
$\quad\quad\quad\quad\quad\quad\quad\quad\quad\quad$ Halbachsen $a = 2$, $b = 4$ $\quad$ in y-Richtung geöffnet
$\quad\quad\quad\quad\quad\quad\quad\quad\quad\quad\quad\quad\quad\quad\quad\quad\quad\quad\quad\quad\quad$ Halbachsen $a = 1$, $b = 1$
$\quad\quad\quad\quad\quad\quad\quad\quad\quad\quad\quad\quad\quad\quad\quad\quad\quad\quad\quad\quad\quad$ Asymptoten:
$\quad\quad\quad\quad\quad\quad\quad\quad\quad\quad\quad\quad\quad\quad\quad\quad\quad\quad\quad\quad\quad$ $y - 1 = \pm(x - 2)$

3.4 Funktion, Graph einer Funktion

Eine reelle Funktion f ist eine Zuordnung, die jeder reellen Zahl einer Teilmenge D von $\mathbb{R}$ genau eine reelle Zahl $y =: f(x)$ zuordnet. Man nennt y (bzw. $f(x)$) das **Bild** von x unter f oder den **Funktionswert** von f an der Stelle x. Die Menge $\{f(x)\,|\,x \in D\} =: f(D)$ heißt **Bildmenge** oder **Bildbereich** von f. D heißt **Definitionsbereich** von f. Schreibweise und Zusammenfassung:

$$\boxed{\begin{array}{l} \text{Terminologie bei reellen Funktionen} \\ f : \begin{cases} D \longrightarrow \mathbb{R} \\ x \longmapsto f(x) \end{cases} \quad \begin{array}{ll} D & \text{Definitionsbereich} \\ f(D) \subseteq \mathbb{R} & \text{Bildmenge} \\ y = f(x) & \text{Funktionsgleichung} \end{array} \end{array}}$$

Beispiele:
- $f : \mathbb{R} \longrightarrow \mathbb{R} \quad y = f(x) = 2x \quad$ (oder kurz $y = 2x$)
  Jeder reellen Zahl wird das Doppelte der Zahl zugeordnet.
- $f : \mathbb{R} \longrightarrow \mathbb{R} \quad y = f(x) = x^2 \quad$ (oder kurz $y = x^2$)
  Jeder reellen Zahl wird ihr Quadrat zugeordnet.

In der Schreibweise $f : \mathbb{R} \longrightarrow \mathbb{R}$ bedeutet das rechts stehende $\mathbb{R}$ nicht, dass dies die Bildmenge ist.

Betrachtet man $g : \begin{cases} \mathbb{R} \longrightarrow \mathbb{R}_{\geq 0} \\ x \longmapsto x^2 \end{cases}$, so unterscheidet man g von f aus dem zweiten Beispiel.

Zwei Funktionen $f : \begin{cases} A \longrightarrow B \\ x \longmapsto f(x) \end{cases}$ und $g : \begin{cases} C \longrightarrow D \\ x \longmapsto g(x) \end{cases}$ sind genau dann gleich, wenn $A = C$, $B = D$ und $f(x) = g(x)$ für alle $x \in A$ gilt.

Gibt man eine Funktion nur durch ihre Funktionsgleichung an, z.B. $y = \frac{1}{x-1}$, so meint man stets diejenige Funktion $f : A \longrightarrow B$, bei der A der maximale Definitionsbereich ist und $B = f(A)$ gilt, hier also $A = \mathbb{R}\setminus\{1\}$ und $B = \mathbb{R}\setminus\{0\}$.

Anwendungsbeispiele für Funktionen
- Kostet jede angefangene Minute eines Telefongesprächs 19 Cent, so sind die Telefonkosten (in Cent) eine Funktion der Zeit x (in Minuten): $K = f(x)$.
  Diese Funktion ist nur für $x \geq 0$ sinnvoll, sie hat also den Definitionsbereich $\mathbb{R}_{\geq 0} := \{x \in \mathbb{R}\,|\, x \geq 0\}$.
- Bei konstanter Geschwindigkeit v ist der zurückgelegte Weg s eine Funktion der Zeit t, also $s = s(t) = vt$ (Weg = Geschwindigkeit mal Zeit).

Ist eine reelle Funktion $f : \begin{cases} D \longrightarrow \mathbb{R} \\ x \longmapsto f(x) \end{cases}$ gegeben, so bezeichnet man die Menge $\{(x,y)\,|\,x \in D\,,\, y = f(x)\}$ als **Graph der Funktion** f.

Graphen von Funktionen vermitteln Vorstellungen von Funktionen und lassen Eigenschaften von Funktionen erkennen. Deshalb werden im folgenden Kapitel wichtige Klassen von Funktionen samt ihren Graphen vorgestellt. Einiges haben wir schon in diesem Kapitel kennengelernt.

Beispiele:

- $f : \begin{cases} \mathbb{R} & \longrightarrow \mathbb{R} \\ x & \longmapsto 2x+1 \end{cases}$

  Die Funktionsgleichung $y = 2x+1$ ist eine lineare Gleichung, deren Lösungsmenge eine Gerade ist (siehe 3.1.). Diese Gerade ist der Graph der Funktion f.

- $y = f(x) = -1$
  (Wir geben Funktionen jetzt meist nur noch durch ihre Funktionsgleichung an.)
  Der Graph von f ist ebenfalls eine Gerade - in der oberen Skizze dargestellt.

- $y = x^2$
  Nach 3.3. ist der Graph eine Parabel, die in Richtung der y-Achse geöffnet ist, und deren Scheitelpunkt in $(0,0)$ liegt. Den Graphen bezeichnet man als **Normalparabel**.

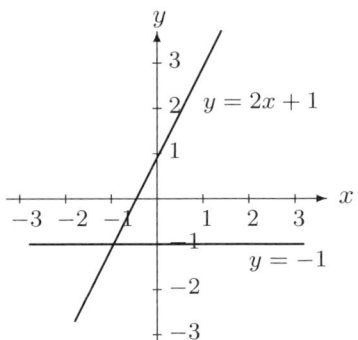

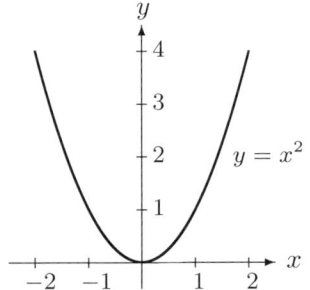

Die Funktionen aus obigen Beispielen gehören jeweils zu Klassen spezieller Funktionen.

Konstante und lineare Funktionen

$y = f(x) = c \quad (c \in \mathbb{R})$ heißt konstante Funktion.
$y = f(x) = ax + b \quad (a, b \in \mathbb{R}, a \neq 0)$ heißt lineare Funktion.

Die Graphen von konstanten und linearen Funktionen sind Geraden.

Quadratische Funktionen

$y = f(x) = ax^2 + bx + c \quad (a, b, c \in \mathbb{R}, a \neq 0)$ heißt quadratische Funktion.
Die Graphen von quadratischen Funktionen sind Parabeln.

$a > 0$:   Die Parabel ist nach oben geöffnet (in Richtung der pos. y-Achse).
$a < 0$:   Die Parabel ist nach unten geöffnet (in Richtung der neg. y-Achse).

3.4. FUNKTION, GRAPH EINER FUNKTION

Wichtiges über Graphen quadratischer Funktionen (Parabeln)

Name	Gleichung	Man erkennt:
Normalform	$y = ax^2 + bx + c$	$a > 0$ nach oben geöffnet $a < 0$ nach unten geöffnet $(0, c)$ Schnittpunkt mit y-Achse
Scheitelform	$y - y_s = a(x - x_s)^2$	(x_s, y_s) Scheitelpunkt (siehe 3.3.)
Linearfaktorzerlegung	$y = a(x - x_1)(x - x_2)$ Nur möglich, wenn Nullstellen vorhanden. Es ist dann $x_s = \frac{x_1+x_2}{2}$. (Die Abszisse des Scheitelpunkts ist aus Symmetriegründen das arithm. Mittel der Nullstellen.)	x_1, x_2 sind die Nullstellen

Zur Skizzierung des Graphen einer quadratischen Funktion $y = ax^2 + bx + c$ ist es daher sinnvoll, die Funktionsgleichung gleich in die Scheitelform $y - y_s = a(x - x_s)^2$ zu bringen, aus der man den Scheitelpunkt $S = (x_s, y_s)$ ablesen kann. Der Faktor a gibt dann jeweils die Enge (Weite) der Öffnung der Parabel an (je größer $|a|$, desto enger wird die Öffnung der Parabel).

Beispiele:

(1) $y = f(x) = 2x^2 - 1$ 　　　　(2) $y = -\frac{1}{2}x^2 + 2x + 2$

Scheitelform erzeugen:

$y + 1 = 2x^2$ 　　　　　　　　　　$y = -\frac{1}{2}(x^2 - 4x) + 2$

Scheitelpunkt $S = (0, -1)$ 　　　　$y = -\frac{1}{2}(x - 2)^2 + 4$

　　　　　　　　　　　　　　　　　Scheitelpunkt $S = (2, 4)$

Mit einer kleinen **Wertetabelle**, bei der wegen der Symmetrie Werte rechts vom Scheitelpunkt reichen, kann nun der Graph jeweils skizziert werden.

x	y
0	-1
1	2
2	7

x	y
2	4
3	$\frac{7}{2}$
4	2
5	$-\frac{1}{2}$

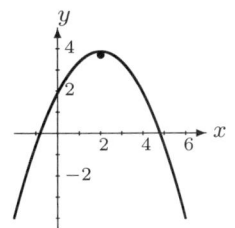

(3) $y = x^2 + 2x - 3$
$y + 4 = (x + 1)^2 \quad S = (-1, -4)$
$y = (x + 3)(x - 1)$

(4) $y = \frac{1}{4}x^2 - x + 2$
$y - 1 = \frac{1}{4}(x - 2)^2 \quad S = (2, 1)$

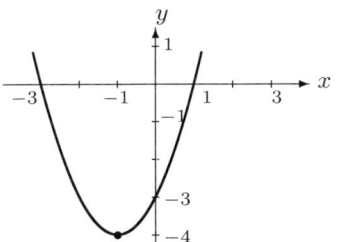
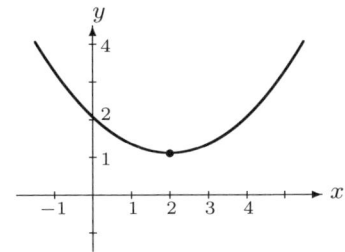

Mittels Funktionsgraphen ergibt sich eine weitere Möglichkeit zur Lösung quadratischer Ungleichungen, z.B. $x^2 + 2x \geq 3$. Man formt um zu $x^2 + 2x - 3 \geq 0$, skizziert den Graphen von $y = x^2 + 2x - 3$, und die Lösung der Ungleichung ist gegeben durch diejenigen $x \in \mathbb{R}$ für die der Graph der Funktion oberhalb (wegen $\geq$) der x-Achse verläuft (siehe Beispiel (3)). Es ist also $L = (-\infty, -3] \cup [2, \infty)$.

Eine weitere wichtige Funktion ist die **Betragsfunktion** $y = f(x) = |x|$, deren Graph nebenstehend skizziert ist.
Zur Wiederholung:

$$|x| = \begin{cases} x, & x \geq 0 \\ -x, & x < 0 \end{cases}$$

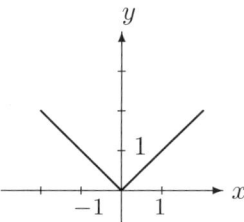

Einige weitere Beispiele für Graphen von Funktionen mit Beträgen:

(1) $y = \frac{1}{2}|x|$ **(2)** $y = -\frac{1}{2}|x|$ **(3)** $y = |x-2|$ **(4)** $y = |x-2|-1$

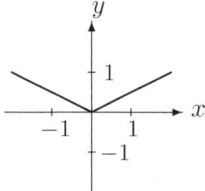 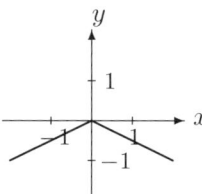 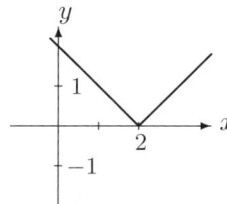 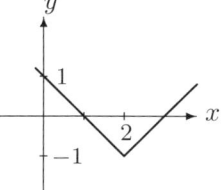

Veränderungen an Graphen

- Die Graphen von $y = f(x)$ und $y = -f(x)$ liegen spiegelbildlich zur x-Achse.
  (siehe (1), (2))

- Der Graph von $y = f(x) + a$ entsteht aus dem Graphen von $y = f(x)$ durch Verschiebung um a in Richtung der y-Achse, und zwar
  nach oben für $a > 0$
  nach unten für $a < 0$
  (siehe (3), (4))

- Ist der Graph einer Funktion $y = f(x)$ gegeben, so entsteht der Graph von $y = |f(x)|$ dadurch, dass die unterhalb der x-Achse liegenden Teile des Graphen von f an der x-Achse gespiegelt werden.
  (siehe nebenstehende Skizze)

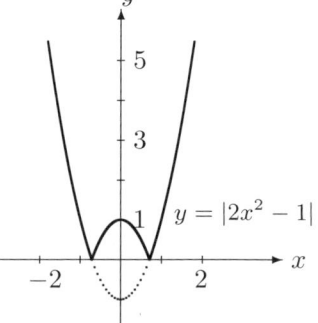

Fortsetzung nächste Seite

3.4. FUNKTION, GRAPH EINER FUNKTION

- Der Graph von $y = f(x-a)$ entsteht aus dem Graphen von $y = f(x)$ durch Verschiebung um a nach rechts für $a > 0$, nach links für $a < 0$.

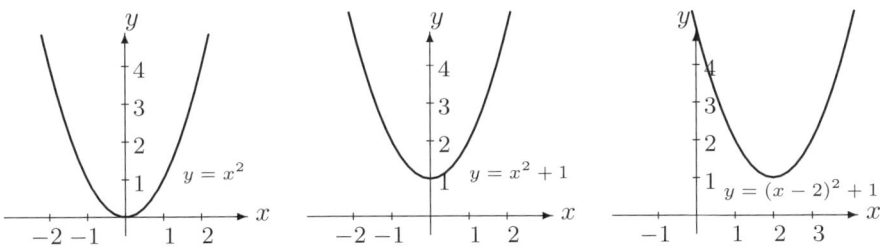

Es sind die Graphen von $y = x^2$, $y = x^2 + 1$ und $y = (x-2)^2 + 1$ skizziert. Die Normalparabel wird erst um eine Einheit nach oben und anschließend um zwei Einheiten nach rechts verschoben.

Eigenschaften von Funktionen

Es sei $f : D \longrightarrow \mathbb{R}$.

1. **Symmetrie**
   a) f heißt **gerade Funktion** $\iff$ für alle $x \in D$ ist $f(x) = f(-x)$
   (Der Graph von f ist achsensymmetrisch zur y-Achse, und D liegt symmetrisch zum Nullpunkt.)
   b) f heißt **ungerade Funktion** $\iff$ für alle $x \in D$ ist $f(x) = -f(-x)$
   (der Graph von f ist punktsymmetrisch zum Ursprung, und D liegt symmetrisch zum Nullpunkt.)

2. **Monotonie**
   a) f heißt **monoton wachsend** $\iff$
   Für alle $x_1, x_2 \in D$ gilt: $x_1 \leq x_2 \Longrightarrow f(x_1) \leq f(x_2)$
   b) f heißt **streng monoton wachsend** $\iff$
   Für alle $x_1, x_2 \in D$ gilt: $x_1 < x_2 \Longrightarrow f(x_1) < f(x_2)$
   c) f heißt **monoton fallend** $\iff$
   Für alle $x_1, x_2 \in D$ gilt: $x_1 \leq x_2 \Longrightarrow f(x_1) \geq f(x_2)$
   d) f heißt **streng monoton fallend** $\iff$
   Für alle $x_1, x_2 \in D$ gilt: $x_1 < x_2 \Longrightarrow f(x_1) > f(x_2)$

3. **Beschränktheit**
   a) f heißt **nach oben beschränkt** $\iff$
   Es gibt eine reelle Zahl S, so dass $f(x) \leq S$ für alle $x \in D$ gilt.
   b) f heißt **nach unten beschränkt** $\iff$
   Es gibt eine reelle Zahl S, so dass $f(x) \geq S$ für alle $x \in D$ gilt.
   c) f heißt **beschränkt** $\iff$
   Es gibt eine reelle Zahl S, so dass $|f(x)| \leq S$ für alle $x \in D$ gilt.

4. **Periodische Funktion**
   f heißt periodisch (mit der Periode p) $\iff$ $f(x) = f(x+p)$ f. a. $x \in D$.

Die im folgenden durch Graphen dargestellten Funktionen haben jeweils die angegebenen Eigenschaften:

f ungerade	f gerade.	f gerade
f streng monoton steigend	f streng monoton fallend auf $(-\infty, 0)$ und streng monoton steigend auf $(0, \infty)$.	f streng monoton steigend auf $[-1, 0]$ und streng monoton fallend auf $[0, 1]$.
	f nach unten beschränkt.	f beschränkt (z.B. durch $S = 2$). ($S = 1$ ist die kleinste Schranke.)

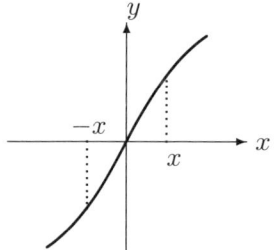 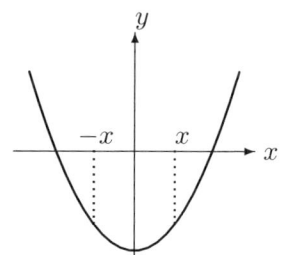 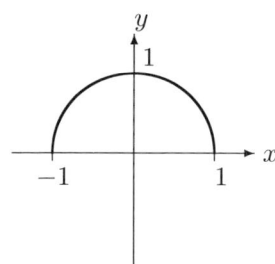

Zum Schluß dieses Abschnitts skizzieren wir noch die Graphen einer periodischen Funktion und der speziellen Funktion $f(x) = [x]$. (Dabei bedeutet $[x]$ die größte ganze Zahl, die kleiner oder gleich x ist, also z.B. $[\frac{7}{3}] = 2$.)

Graph von $f(x) = x$ für $-1 \leq x < 1$, periodisch fortgesetzt auf $\mathbb{R}$.
(f hat die Periode 2)

Graph von $f(x) = [x]$
(keine periodische Funktion!)

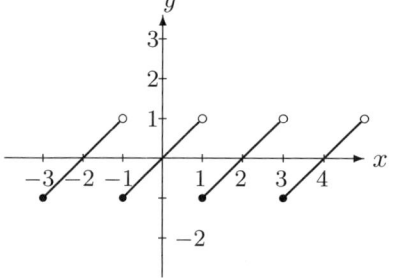 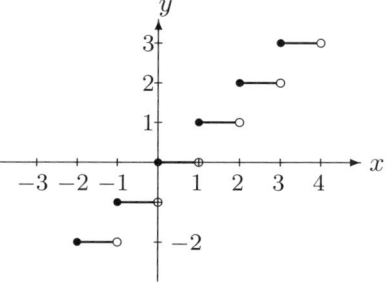

• bedeutet hierbei: Der Punkt gehört zum Graphen.
∘ bedeutet hierbei: Der Punkt gehört nicht zum Graphen.
Diese abschließenden Beispiele sollen zeigen, dass Graphen von Funktionen auch aus einzelnen Stücken bestehen können, also "nicht zusammenhängend" sein müssen.

Kapitel 4

Reelle Funktionen

In diesem Kapitel sollen die wichtigsten Klassen von reellen Funktionen, also von Funktionen $f : \mathbb{R} \longrightarrow \mathbb{R}$ vorgestellt werden. Dazu knüpfen wir an Abschnitt 3.4. an, in dem schon lineare und quadratische Funktionen behandelt wurden.

4.1 Polynomfunktionen

> **Potenzfunktionen**
> Die Funktionen $f : \begin{cases} \mathbb{R} & \longrightarrow \mathbb{R} \\ x & \longmapsto x^n \end{cases}$ $(n \in \mathbb{N})$ heißen Potenzfunktionen.
> Es ist $f(D) = \begin{cases} \mathbb{R}_{\geq 0} & \text{für gerades } n \text{ (Graph ist achsensymmetrisch)} \\ \mathbb{R} & \text{für ungerades } n \text{ (Graph ist punktsymmetrisch)} \end{cases}$

Beispiele:

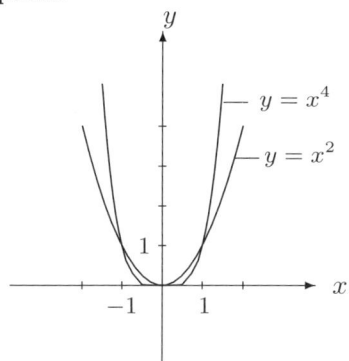

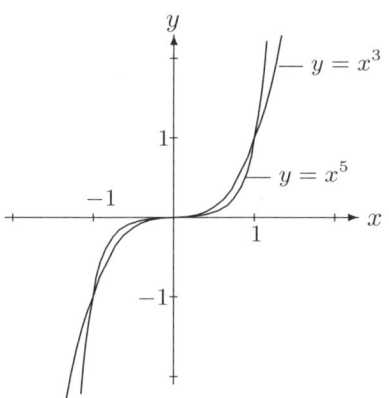

Graphen von $f(x) = x^n$ für gerades n. 0 ist Nullstelle gerader Ordnung (S.), d.h. ohne Vorzeichenwechsel.

und für ungerades n. 0 ist Nullstelle ungerader Ordnung, d.h. mit Vorzeichenwechsel.

Aus Termen der Art $a_n x^n$ setzen sich **Polynome** zusammen.

Polynome

Ein **Polynom** ist ein Term der Art

$$a_n x^n + a_{n-1} x^{n-1} + \ldots + a_1 x + a_0 \quad (a_n, a_{n-1}, \ldots, a_1, a_0 \in \mathbb{R}).$$

Ist $a_n \neq 0$, so heißt n der **Grad des Polynoms**.

Beispiele:

3	ist ein Polynom vom Grad 0
$2x + 1$	ist ein Polynom vom Grad 1
$-x^2 + 5$	ist ein Polynom vom Grad 2
$x^3 + x^2 + x + 1$	ist ein Polynom vom Grad 3
$38x^{10} + x$	ist ein Polynom vom Grad 10

Polynomfunktionen

Ist $p(x)$ ein Polynom vom Grad n, so heißt die Funktion

$$f : \begin{cases} \mathbb{R} & \longrightarrow \mathbb{R} \\ x & \longmapsto p(x) \end{cases}$$

eine **Polynomfunktion**, oder auch **ganze rationale Funktion** vom Grad n.

Z.B. sind die quadratischen Funktionen die ganzen rationalen Funktionen vom Grad 2.

Über die Graphen solcher Polynomfunktionen sollte man wissen:

Der Graph einer Polynomfunktion (ganzen rationalen Funktion vom Grad n) ist eine Kurve, die links aus dem Unendlichen kommt und nach rechts ins Unendliche verläuft. Dazwischen hängt der Graph wesentlich vom Polynom, also insbesondere vom Grad n ab. Das Randverhalten läßt sich aber sofort am Grad n und dem 'höchsten Koeffizienten' a_n erkennen, und zwar gilt:

Der Graph von $f(x) = a_n x^n + a_{n-1} x^{n-1} + \ldots + a_1 x + a_0$

kommt von oben und verläuft nach unten, falls n ungerade und $a_n < 0$ ist.
kommt von unten und verläuft nach oben, falls n ungerade und $a_n > 0$ ist.
kommt von oben und verläuft nach oben, falls n gerade und $a_n > 0$ ist.
kommt von unten und verläuft nach unten, falls n gerade und $a_n < 0$ ist.

Also:

$f(x) = -x^3 + 5x^2 + 1$	Der Graph kommt von oben und verläuft nach unten.
$f(x) = -x^4 + 10x^3$	Der Graph kommt von unten und verläuft nach unten.
$f(x) = x^{21} - 10^6 x^{20} + x^{18}$	Der Graph kommt von unten und verläuft nach oben.

Auf der nächsten Seite sind zwei Beispielgraphen skizziert.

Will man solche Graphen möglichst genau skizzieren, sind umfangreiche Rechnungen (mit Wertetabelle und Anwendung von Differentialrechnung) nötig. Am besten benutzt man dazu ein Programm.

4.1. POLYNOMFUNKTIONEN

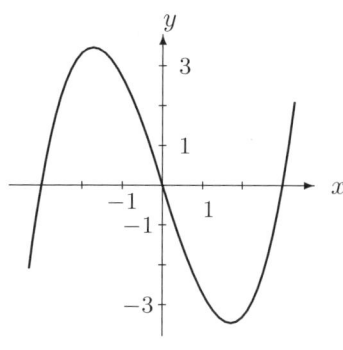

Graph von $f(x) = \frac{1}{3}x^3 - 3x$

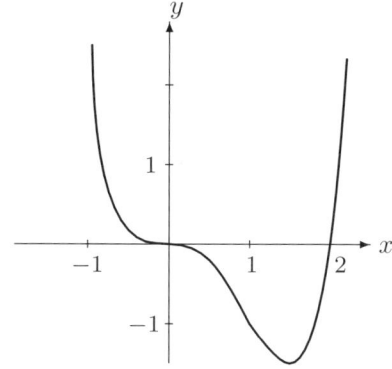

Graph von $f(x) = x^4 - 2x^3$

Für die Betrachtung ganzer rationaler Funktionen ohne zusätzliche Hilfsmittel sind einige Kenntnisse über Polynome nötig, die hier kurz zusammengestellt werden.

1. **Division von Polynomen** (Polynomdivision)
   Sind $p(x)$ und $q(x)$ zwei Polynome vom Grad n bzw. m mit $n \geq m$, so bildet man $p(x) : q(x)$ wie folgt:

   a) Die höchste Potenz von x in $p(x)$ wird durch die höchste Potenz von x in $q(x)$ dividiert.

   b) Wie bei der schriftlichen Division von Dezimalzahlen (siehe 1.1.) wird multipliziert und subtrahiert.

   c) Das Verfahren wird iteriert (fortgesetzt) bis nach der Subtraktion ein Polynom mit kleinerem Grad als der Divisor verbleibt. Dieses Polynom liefert den Rest.

   Beispiele:

$$
\begin{array}{l}
(x^3 - 2x^2 + 3x - 2) : (x-1) = x^2 - x + 2 \quad (x^3 \text{ wird durch } x \text{ geteilt}) \\
\underline{-(x^3 - x^2)} \qquad\qquad\qquad\quad (\text{dies ist } x^2 \text{ mit } x-1 \text{ multipliziert}) \\
\qquad -x^2 + 3x - 2 \qquad\qquad\quad (\text{obige Polynome wurden subtrahiert}) \\
\qquad \underline{-(-x^2 + x)} \qquad\qquad\quad (-x^2 : x = -x \text{ wurde mit } x-1 \text{ mult.}) \\
\qquad\qquad 2x - 2 \qquad\qquad\qquad\quad (\text{usw.}) \\
\qquad\qquad \underline{2x - 2} \\
\qquad\qquad\qquad 0
\end{array}
$$

Es ist also $\dfrac{x^3 - 2x^2 + 3x - 2}{x-1} = x^2 - x + 2$ oder $(x^2 - x + 2)(x - 1) = x^3 - 2x^2 + 3x - 2$. Die Division geht ohne Rest auf. Man sagt dann:

$x - 1$ ist ein **Faktor (Teiler)** des Polynoms $x^3 - 2x^2 + 3x - 2$.

Bei der Division $(x^4 + x^3 - 2x + 1) : (x^2 + 1)$ sollte man beim Aufschreiben darauf achten, dass beim Dividenden und in der Rechnung Lücken gelassen werden wo Potenzen von x nicht auftauchen, also:

$$\begin{array}{l}
(x^4 + x^3 -2x+1) \; : (x^2+1) = x^2 + x - 1 + \frac{-3x+2}{x^2+1}\\
\underline{-(x^4 + x^2)}\\
 x^3 - x^2 - 2x + 1\\
\underline{-(x^3 + x)}\\
 -x^2 - 3x + 1\\
\underline{-(-x^2 - 1)}\\
 -3x + 2
\end{array}$$

Hier bleibt ein Rest, es gilt: $\dfrac{x^4+x^3-2x+1}{x^2+1} = x^2 + x - 1 + \dfrac{-3x+2}{x^2+1}$

oder $\quad x^4 + x^3 - 2x + 1 = (x^2 + x - 1)(x^2 + 1) + (-3x + 2)$.

2. **Nullstellen von Polynomen**

Nullstellen

Ist $p(x)$ ein Polynom und ist $p(x_0) = 0$ für eine reelle Zahl x_0, so heißt x_0 **Nullstelle** von p.

x_0 Nullstelle von $p(x)$ $\iff$ $(x - x_0)$ teilt $p(x)$ ohne Rest
$\iff$ $p(x) = (x - x_0)q(x)$
 (Abspalten eines Linearfaktors)

Ist $p(x) = (x-x_0)^k q(x)$ mit $q(x_0) \neq 0$, so heißt x_0 k-fache Nullstelle von p (auch Nullstelle der Ordnung k von p).

Beispiele:

- $p(x) = x^2 - 3x - 4 = (x - 4)(x + 1)$
  4 und -1 sind (einfache) Nullstellen des Polynoms $x^2 - 3x - 4$ (siehe auch Abschnitt 2.2.)
- $p(x) = x^4 + 5x^3 + 6x^2 = x^2(x^2 + 5x + 6) = x^2(x + 2)(x + 3)$
  0 ist 2-fache Nullstelle von p, -2 und -3 sind einfache Nullstellen.
- $p(x) = x^3 + 3x^2 + 3x + 1 = (x + 1)^3$ $\quad$ (binomische Formel)
  -1 ist 3-fache Nullstelle von p (Nullstelle ungerader Ordnung).
- $p(x) = x^3 - 5x^2 + 8x - 4$
  Zur Bestimmung der Nullstellen von p muß die Gleichung $p(x) = 0$ gelöst werden. Dazu sei auf **F+H** verwiesen. Hier hilft aber auch Raten weiter. Man erkennt leicht, dass $x = 1$ eine Nullstelle ist. p läßt sich daher durch den Linearfaktor $x - 1$ teilen. Polynomdivision liefert $x^3 - 5x^2 + 8x - 4 = (x - 1)(x^2 - 4x + 4) = (x - 1)(x - 2)^2$. Das quadratische Polynom $x^2 - 4x + 4$ erkennt man dabei als Binom, oder man zerlegt es gemäß Abschnitt 2.2.
  Also hat p die einfache Nullstelle 1 und die 2-fache Nullstelle 2.

4.2 Rationale Funktionen

Eine rationale Funktion $f : \mathbb{R} \longrightarrow \mathbb{R}$ ist gegeben durch $f(x) = \dfrac{p(x)}{q(x)}$, wobei $p(x)$ und $q(x)$ Polynome sind; genauer:

Rationale Funktion

Eine rationale Funktion f ist gegeben durch $f(x) = \dfrac{p(x)}{q(x)}$, wobei $p(x)$ und $q(x) \neq 0$ Polynome sind, die gekürzt sind, also kein gemeinsames Faktorpolynom vom Grad ≥ 1 besitzen (sonst sind Sonderfälle zu beachten).

Es gilt stets: $\quad f(x) = \dfrac{p(x)}{q(x)} = a(x) + \dfrac{r(x)}{q(x)}$
$\quad\quad\quad\quad\quad\quad a(x), r(x)$ Polynome, $\operatorname{Grad} r(x) < \operatorname{Grad} q(x)$

Ist $a(x) = 0$, so heißt f **echt gebrochen** rationale Funktion.
Ist $a(x)$ ein Polynom vom Grad ≤ 1, so heißt der Graph von $y = a(x)$ eine **Asymptote** des Graphen von f. (In diesem Sinne sind Asymptoten also Geraden, die Graph einer Funktion sind.)

Für den Fall, dass $q(x)$ eine Konstante ungleich 0 ist (ein Polynom vom Grad 0), erhält man die ganzen rationalen Funktionen als Spezialfall der rationalen Funktionen.
Eine rationale Funktion muß nicht für alle $x \in \mathbb{R}$ definiert sein. Die Nullstellen des Nenners (also von $q(x)$) gehören nicht zum Definitionsbereich von f.

Beispiele:

(1) $f(x) = \dfrac{1}{x-1} \quad D = \mathbb{R} \setminus \{1\}, \quad , f$ ist echt gebrochen.

(2) $f(x) = \dfrac{2x}{x^2+1}, \quad D = \mathbb{R} \quad , f$ ist echt gebrochen.

(3) $f(x) = \dfrac{x^3}{x^2-x-2} = \dfrac{x^3}{(x+1)(x-2)} \quad$, also $D = \mathbb{R} \setminus \{-1, 2\}$

$\quad\quad = (x^3 \quad\quad\quad) : (x^2 - x - 2) = x + 1 + \dfrac{3x+2}{x^2-x-2}$
$\quad\quad \underline{x^3 - x^2 - 2x}$
$\quad\quad\quad\quad x^2 + 2x$
$\quad\quad\quad\quad \underline{x^2 - \ x - 2}$
$\quad\quad\quad\quad\quad\quad 3x+2 \quad f$ ist nicht echt gebrochen!

Die durch $y = x+1$ gegebene Gerade ist eine Asymptote von f. Der Graph von f ist unten skizziert.

(4) $f(x) = \dfrac{x^4+x^3}{x^2-2x+1} = \dfrac{x^4+x^3}{(x-1)^2} \quad$ also $D = \mathbb{R} \setminus \{1\}$.

$$f(x) = (x^4 + x^3 \qquad\qquad) : (x^2 - 2x + 1) = x^2 + 3x + 5 + \frac{7x-5}{x^2-2x+1}$$

$$\underline{x^4 - 2x^3 + x^2}$$
$$3x^3 - x^2$$
$$\underline{3x^3 - 6x^2 + 3x}$$
$$5x^2 - 3x$$
$$\underline{5x^2 - 10x + 5}$$
$$7x - 5$$

Hier ist $a(x) = x^2 + 3x + 5$.

Ist $f(x) = \frac{p(x)}{q(x)}$ eine rationale Funktion, so heißen die Nullstellen von $q(x)$ **Pole** von f. (Beachte: $p(x)$ und $q(x)$ sind gekürzt, d.h. sie kein gemeinsames Faktorpolynom vom Grad ≥ 1.)

Im Beispiel (1) hat f den Pol 1, im Beispiel (2) hat f die Pole -1 und 2.

Die Graphen von rationalen Funktionen können sehr vielfältig aussehen. Wir geben nur einige typische Beispiele an und müssen dazu zunächst klären, wie sich der Graph einer rationalen Funktion in der Nähe eines Pols verhält. Dazu unterscheiden wir:

Pole bei rationalen Funktionen

Ist $f(x) = \frac{p(x)}{q(x)}$ eine rationale Funktion, ist a eine k-fache Nullstelle von q, also $f(x) = \frac{p(x)}{(x-a)^k s(x)}$, wobei $s(a) \neq 0$ und $p(a) \neq 0$ ist, so definiert man:

a heißt **Pol ungerader Ordnung** (Pol mit Vorzeichenwechsel), falls k ungerade. (Pol mit VZW)

a heißt **Pol gerader Ordnung** (Pol ohne Vorzeichenwechsel), falls k gerade.

Um die Graphen von $y = \frac{1}{x}$, $y = \frac{1}{x^2}$, $y = \frac{1}{x+1}$ und $y = \frac{1}{(x-2)^2}$ zu skizzieren, benutzen wir kleine Wertetabellen in geeigneten Bereichen.

x	1	2	3	$\frac{1}{2}$	$\frac{1}{3}$
$y = \frac{1}{x}$	1	$\frac{1}{2}$	$\frac{1}{3}$	2	3
$y = \frac{1}{x^2}$	1	$\frac{1}{4}$	$\frac{1}{9}$	4	9

x	0	1	2	$-\frac{1}{2}$
$y = \frac{1}{x+1}$	1	$\frac{1}{2}$	$\frac{1}{3}$	2

x	3	4	$\frac{5}{2}$
$y = \frac{1}{(x-2)^2}$	1	$\frac{1}{4}$	4

$f(x) = \frac{1}{x}$
$D = \mathbb{R} \setminus \{0\}$
0 ist Pol mit VZW ungerader Ordnung

$f(x) = \frac{1}{x^2}$
$D = \mathbb{R} \setminus \{0\}$
0 ist Pol ohne VZW gerader Ordnung

$f(x) = \frac{1}{x+1}$
$D = \mathbb{R} \setminus \{-1\}$
-1 ist Pol mit VZW ungerader Ordnung

$f(x) = \frac{1}{(x-2)^2}$
$D = \mathbb{R} \setminus \{2\}$
2 ist Pol o. VZW gerader Ordnung

4.2. RATIONALE FUNKTIONEN

Die folgenden Überlegungen sind typische Überlegungen im Zusammenhang mit der Skizzierung von Funktionsgraphen und sollten genau nachvollzogen werden, um sich damit vertraut zu machen.

Ist a ein Pol ungerader Ordnung von f, so nähert sich der Graph von f der durch $x = a$ gegebenen Geraden bei Annäherung von links bzw. rechts an a in unterschiedlicher Richtung; bei einem Pol gerader Ordnung dagegen in gleicher Richtung (siehe obige Graphen - die Bilder sind typisch). Daher rührt auch die Bezeichnung Pol mit bzw. ohne Vorzeichenwechsel.

Die obigen Graphen sind auch Beispiele für Graphen, bei denen die x-Achse Asymptote ist. Dies ist bei allen echt gebrochen rationalen Funktionen der Fall, da bei ihnen $a(x) = 0$ gilt.

Gilt allgemein $f(x) = a(x) + \frac{r(x)}{q(x)}$, so verhält sich der Graph von f für betragsmäßig große x wie der Graph von $a(x)$, denn der echt gebrochene Term $\frac{r(x)}{q(x)}$ wird für betragsmäßig große x betragsmäßig klein, da der Grad von $q(x)$ größer als der Grad von $r(x)$ ist (als Beispiel: $\frac{x^2+1}{x^3}$ liefert z.B. für $x = 100$ ungefähr 0.01, für $x = -100$ ungefähr -0.01, also betragsmäßig sehr kleine Werte; „x^3 wird betragsmäßig schneller groß als x^2").

Wir behandeln noch einige Beispiele rationaler Funktionen, mit dem Ziel, ihre Graphen zu skizzieren.

- $f(x) = \frac{2x+1}{x+1} = 2 - \frac{1}{x+1}$
  Nullstelle : $2x + 1 = 0 \iff x = -\frac{1}{2}$
  Pol : -1 (Pol ungerader Ordnung)
  Asymptote: $a(x) = 2$
  Der Graph von f entsteht aus dem Graphen von $g(x) = -\frac{1}{x+1}$ durch Verschiebung um 2 Einheiten in Richtung der positiven x-Achse. Das Aussehen des Graphen von $-g(x)$ entnimmt man der Skizze der vorigen Seite; der Graph von $g(x)$ entsteht dann durch Spiegelung an der x-Achse.

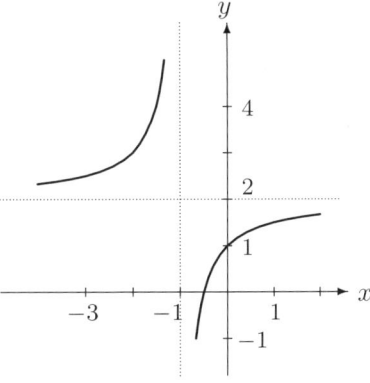

- $f(x) = \frac{2x}{x^2+1}$
  Wegen $f(-x) = -f(x)$ ist der Graph von f punktsymmetrisch zum Ursprung.
  Die x-Achse ist die Asymptote.

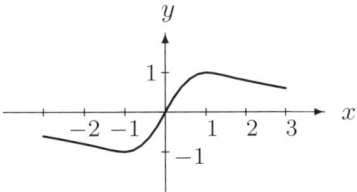

Wertetabelle:

x	$\frac{1}{2}$	1	2	3	4
$f(x)$	$\frac{4}{5}$	1	$\frac{4}{5}$	$\frac{3}{5}$	$\frac{8}{17}$

- $f(x) = \dfrac{1}{x^2-1} = \dfrac{1}{(x-1)(x+1)}$

  $D = \mathbb{R} \setminus \{1, -1\}$

  f besitzt keine Nullstellen.

  1 und -1 sind Pole ungerader Ordnung.

  f ist eine gerade Funktion, der Graph ist also achsensymmetrisch zur y-Achse.

  Es ist $f(x) \begin{cases} < 0 \text{ für } |x| < 1 \\ > 0 \text{ für } |x| > 1 \end{cases}$, also verläuft der Graph für $-1 < x < 1$ unterhalb und sonst oberhalb der x-Achse.

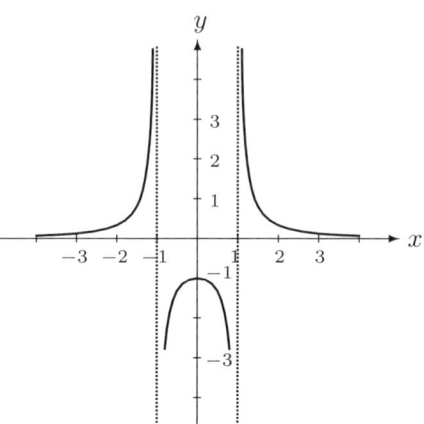

- siehe Beispiel (3) von oben.

  $f(x) = \dfrac{x^3}{x^2-x-2}$

  $\quad\ = \dfrac{x^3}{(x+1)(x-2)}$

  $\quad\ = x+1 + \dfrac{3x+2}{(x+1)(x-2)}$

  $D = \mathbb{R} \setminus \{-1, 2\}$

  0 ist eine 3-fache Nullstelle von f - eine Nullstelle mit Vorzeichenwechsel.

  -1 und 2 sind Pole ungerader Ordnung (mit VZW).

  Asymptote: $a(x) = x+1$

  Eine Untersuchung des Vorzeichenverhaltens von f wie im vorigen Beispiel kann zur Skizzierung des Graphen hilfreich sein. Dazu kann man eine Tabelle anlegen (siehe Abschnitt 2.3.).

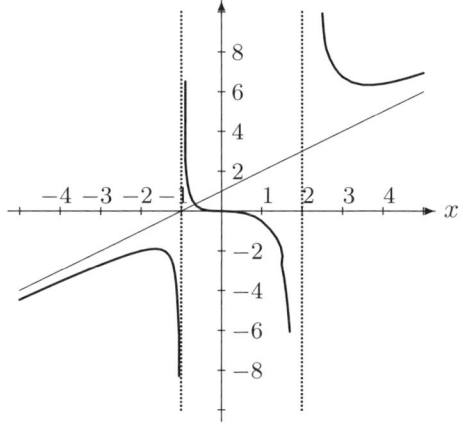

	$-\infty$	-1	0	2	∞
x^3		$-$	$-$	$+$	$+$
$x+1$		$-$	$+$	$+$	$+$
$x-2$		$-$	$-$	$-$	$+$
$f(x)$		$-$	$+$	$-$	$+$

Die Tabelle zeigt, dass der Graph von f für $-\infty < x < -1$ und für $0 < x < 2$ unterhalb der x-Achse verläuft, und sonst oberhalb der x-Achse. Das Vorzeichen von $f(x)$ ergibt sich natürlich auch schon aus dem Vorzeichen z.B. im Bereich $(2, \infty)$ und den Ordnungen der Nullstelle und der Pole.

4.2. RATIONALE FUNKTIONEN

Als Zusammenfassung dieses Abschnitts soll an einem Beispiel erläutert werden, wie man bei vielen rationalen Funktionen schnell einen Überblick über einen ungefähren Verlauf des Graphen bekommen kann.

Dazu wählen wir ein Beispiel mit
- einer Nullstelle ungerader Ordnung (mit VZW)
- einer Nullstelle gerader Ordnung (mit VZW)
- einem Pol ungerader Ordnung (mit VZW)
- einem Pol gerader Ordnung (mit VZW).

Nach den Ausführungen dieses Abschnitts leistet das z.B. die Funktion f mit

$$f(x) = 20\frac{(x+2)(x-1)^2}{(x+1)^2(x-3)^3},$$

bei der (von rechts nach links sortiert)
- 3 Pol mit VZW
- -1 Pol ohne VZW
- 1 Nullstelle ohne VZW
- -2 Nullstelle mit VZW

ist, wie man an den Exponenten der entsprechenden Linearfaktoren erkennt.
Die x-Achse ist Asymptote, da f echt gebrochen ist (Grad des Zählerpolynoms = 3; Grad des Nennerpolynoms = 5).
Für $x > 3$ gilt $f(x) > 0$, wie man sofort sieht. Damit ist klar:

Bei 3 (Pol mit VZW) wechselt f das Vorzeichen, der Graph verläuft links davon unterhalb der x-Achse. Links der Nullstelle 1 bleibt er unterhalb der x-Achse, da 1 Nullstelle ohne VZW ist. Auch beim Überschreiten der Polstelle -1 bleibt er unterhalb der x-Achse, da -1 Pol ohne VZW ist. Schließlich verläuft er links von -2 (Nullstelle mit VZW) oberhalb der x-Achse. Da die x-Achse Asymptote ist, muß der Graph nach einem "Maximalpunkt" sich wieder der x-Achse nähern. So erhält man den nebenstehenden Graphen.

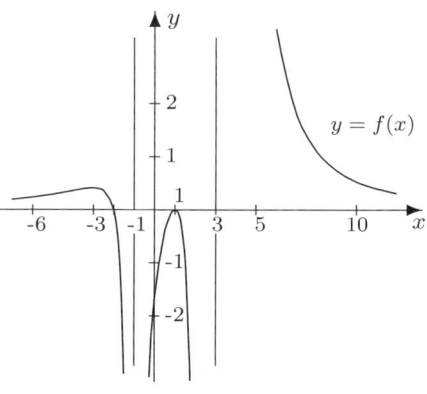

Will man rechnerisch lokale besondere Punkte wie den angesprochenen Maximalpunkt bestimmen, so ist die Anwendung "Höherer Mathematik" - hier der Differentialrechnung - nötig.

4.3 Verkettung von Funktionen, Umkehrfunktionen

Sind $f: A \longrightarrow B$ und $g: B \longrightarrow C$ zwei Funktionen, so ist jedem $x \in A$ ein Element $f(x) \in B$ zugeordnet, auf das wiederum g angewendet werden kann. Man erhält $g(f(x)) \in C$. Jedem $x \in A$ wird also mittels $g(f(x))$ ein Element aus C zugeordnet, d.h. man erhält eine Funktion von A in C, die man mit $g \circ f$ bezeichnet.

Verkettung von Funktionen

Sei $f: A \longrightarrow B$, $g: B \longrightarrow C$. Dann ist $g \circ f$ (lies: g Kuller f) definiert durch
$$g \circ f : \begin{cases} A & \longrightarrow & C \\ x & \longmapsto & g(f(x)) \end{cases} \qquad (\text{erst } f, \text{ dann } g \text{ anwenden}).$$

$g \circ f$ heißt **Verkettung**.

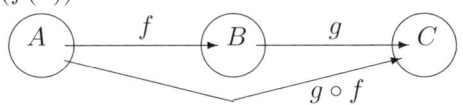

Beispiele:

- $f(x) = 2x + 3 \qquad g(x) = 5x$
  $(f \circ g)(x) = f(g(x)) = f(5x) = 2(5x) + 3 = 10x + 3$
  $(g \circ f)(x) = g(f(x)) = g(2x+3) = 5(2x+3) = 10x + 15$
  Es ist also $f \circ g$ eine andere Funktion als $g \circ f$. "$\circ$ ist nicht kommutativ."

- $f(x) = x^2 \qquad g(x) = 2x + 1$
  $(f \circ g)(x) = f(g(x)) = f(2x+1) = (2x+1)^2$
  $(g \circ f)(x) = g(f(x)) = g(x^2) = 2x^2 + 1$

- $f(x) = \frac{1}{x+1} \qquad g(x) = \frac{1}{x} - 1$
  $(f \circ g)(x) = f(g(x)) = f(\frac{1}{x} - 1) = \frac{1}{\frac{1}{x} - 1 + 1} = x$
  $(g \circ f)(x) = g(f(x)) = g(\frac{1}{x+1}) = \frac{1}{\frac{1}{x+1}} - 1 = x + 1 - 1 = x$

Das letzte Beispiel schauen wir uns etwas näher an. Man könnte aufgrund der Rechnung vermuten, dass hier $f \circ g = g \circ f$ gilt. Aber es ist

$D(f) = \mathbb{R} \setminus \{-1\}$, \qquad Bildbereich von f ist $\mathbb{R} \setminus \{0\}$
$D(g) = \mathbb{R} \setminus \{0\}$, \qquad Bildbereich von g ist $\mathbb{R} \setminus \{-1\}$, da $\frac{1}{x}$ nie 0 wird!

Also gilt:
$$f \circ g : \begin{cases} \mathbb{R} \setminus \{0\} & \longrightarrow & \mathbb{R} \setminus \{0\} \\ x & \longmapsto & x \end{cases} \quad \text{und} \quad g \circ f : \begin{cases} \mathbb{R} \setminus \{-1\} & \longrightarrow & \mathbb{R} \setminus \{-1\} \\ x & \longmapsto & x \end{cases},$$

und das sind unterschiedliche Funktionen (siehe 2.4.).

4.3. VERKETTUNG VON FUNKTIONEN, UMKEHRFUNKTIONEN

Man sagt : $f \circ g$ ist die Identität auf $\mathbb{R} \setminus \{0\}$
: $g \circ f$ ist die Identität auf $\mathbb{R} \setminus \{-1\}$
geschrieben : $f \circ g = \mathrm{id}_{\mathbb{R}\setminus\{0\}}$ $g \circ f = \mathrm{id}_{\mathbb{R}\setminus\{-1\}}$

Solch ein Funktionenpaar nennt man **Funktion** und **Umkehrfunktion**.
g heißt Umkehrfunktion zu f; man schreibt $g = f^{-1}$. Natürlich ist auch f Umkehrfunktion zu g, also $f = g^{-1}$. (Nicht verwechseln mit der Schreibweise $g^{-1} = \frac{1}{g}$!)
Eine Umkehrfunktion zu f existiert nur unter gewissen Voraussetzungen.

Umkehrfunktion

Es sei $f : A \longrightarrow B$ eine streng monotone Funktion mit $D(f) = A$ und Bildbereich $f(A) = B$.
Dann gibt es die Umkehrfunktion $f^{-1} : B \longrightarrow A$, für die gilt:
$$f \circ f^{-1} = \mathrm{id}_B \quad \text{und} \quad f^{-1} \circ f = \mathrm{id}_A$$

Beim Übergang von f zu f^{-1} wird der Bildbereich von f zum Definitionsbereich von f^{-1}. Aus der Funktionsgleichung $y = f(x)$ wird die Funktionsgleichung $f^{-1}(y) = x$. Vertauscht man hierin die Variablen und schreibt $f^{-1}(x) = y$, so bedeutet diese Vertauschung in der (x,y)-Ebene eine Spiegelung an der durch $y = x$ gegebenen Winkelhalbierenden. Die Graphen von f und f^{-1} liegen also symmetrisch zur Geraden mit der Gleichung $y = x$.

Funktion und Umkehrfunktion

Ist $f : A \longrightarrow B$ umkehrbar, so erhält man die Umkehrfunktion f^{-1} wie folgt:

1. $y = f(x)$ löse man nach x auf.
   $x = f^{-1}(y)$
2. Vertausche x und y: $y = f^{-1}(x)$

Der Graph von f^{-1} entsteht wegen der Vertauschung von x und y aus dem Graphen von f durch Spiegelung an der durch $y = x$ gegebenen Winkelhalbierenden.

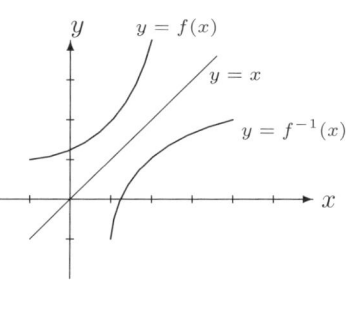

Beispiele:

- $f(x) = y = 2x + 1$

Berechnung der Umkehrfunktion:
$y = 2x + 1$ nach x auflösen:
$x = \frac{1}{2}(y - 1) = \frac{1}{2}y - \frac{1}{2}$
x und y vertauschen:
$f^{-1}(x) = y = \frac{1}{2}x - \frac{1}{2}$

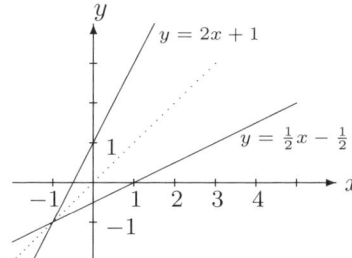

- $f(x) = y = \frac{1}{x}$

Berechnung der Umkehrfunktion: $y = \frac{1}{x}$ nach x auflösen: $x = \frac{1}{y}$
x und y vertauschen: $f^{-1}(x) = y = \frac{1}{x}$.
f hat also sich selbst als Umkehrfunktion (denn zweimalige Kehrwertbildung liefert wieder den Ausgangsterm; der Graph von $f(x) = \frac{1}{x}$ ist symmetrisch zur Geraden mit der Gleichung $y = x$ - siehe 4.2.).

Das nächste Beispiel soll die Probleme verdeutlichen, die beim Begriff Umkehrfunktion auftauchen und sollte genau durchgearbeitet werden.

- $f(x) = y = x^2$

Diese Funktion besitzt keine Umkehrfunktion, da f nicht streng monoton wachsend ist. f ist aber in gewissen Bereichen streng monoton und kann dort umgekehrt werden, nämlich:

a) $f : \begin{cases} \mathbb{R}_{\geq 0} & \longrightarrow & \mathbb{R}_{\geq 0} \\ x & \longmapsto & x^2 \end{cases}$

besitzt die Umkehrfunktion
$f^{-1} : \begin{cases} \mathbb{R}_{\geq 0} & \longrightarrow & \mathbb{R}_{\geq 0} \\ x & \longmapsto & \sqrt{x} \end{cases}$
denn:
$y = x^2$ nach x auflösen: $x = \pm\sqrt{y}$,
Variablen vertauschen: $y = \pm\sqrt{x}$.
Hier gilt $f^{-1}(x) = y = +\sqrt{x}$, da $\mathbb{R}_{\geq 0}$ der Bildbereich von f^{-1} ist.

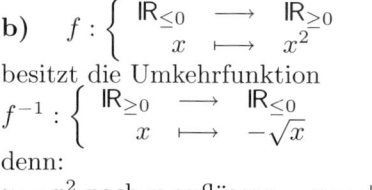

Wir rechnen noch $f \circ f^{-1} = \mathrm{id}_{\mathbb{R}_{\geq 0}}$ und $f^{-1} \circ f = \mathrm{id}_{\mathbb{R}_{\geq 0}}$ nach:
$(f \circ f^{-1})(x) = f(f^{-1}(x)) = f(\sqrt{x}) = (\sqrt{x})^2 = x$ für alle $x \geq 0$.
$(f^{-1} \circ f)(x) = f^{-1}(f(x)) = f^{-1}(x^2) = \sqrt{x^2} = |x| = x$ für alle $x \geq 0$.

b) $f : \begin{cases} \mathbb{R}_{\leq 0} & \longrightarrow & \mathbb{R}_{\geq 0} \\ x & \longmapsto & x^2 \end{cases}$

besitzt die Umkehrfunktion
$f^{-1} : \begin{cases} \mathbb{R}_{\geq 0} & \longrightarrow & \mathbb{R}_{\leq 0} \\ x & \longmapsto & -\sqrt{x} \end{cases}$
denn:
$y = x^2$ nach x auflösen: $x = \pm\sqrt{y}$,
Variablen vertauschen: $y = \pm\sqrt{x}$.
Hier gilt $f^{-1}(x) = y = -\sqrt{x}$, da $\mathbb{R}_{\leq 0}$ der Bildbereich von f^{-1} ist.

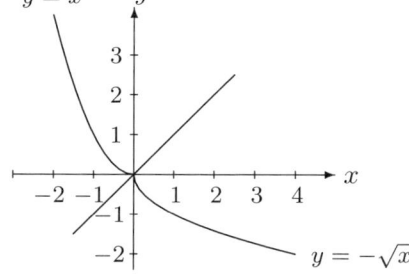

$f \circ f^{-1} = \mathrm{id}_{\mathbb{R}_{\geq 0}}$ und $f^{-1} \circ f = \mathrm{id}_{\mathbb{R}_{\leq 0}}$ ergeben sich wie folgt:
$(f \circ f^{-1})(x) = f(f^{-1}(x)) = f(-\sqrt{x}) = (-\sqrt{x})^2 = x$ für alle $x \geq 0$.
$(f^{-1} \circ f)(x) = f^{-1}(f(x)) = f^{-1}(x^2) = -\sqrt{x^2} = -|x| = -(-x) = x$ für alle $x \leq 0$, denn $|x| = -x$ für $x \leq 0$ (siehe Abschnitt 2.4.).

4.4 Exponentialfunkionen

Exponentialfunktionen f sind solche Funktionen, bei denen im Funktionsterm $f(x)$ die Variable x im Exponenten auftritt. Die einfachsten Exponentialfunktionen (die wir hier nur betrachten) sind also:

Exponentialfunktionen

Für $a \in \mathbb{R}$, $a > 0$, $a \neq 1$ heißt $f : \begin{cases} \mathbb{R} & \longrightarrow \mathbb{R}_{>0} \\ x & \longmapsto a^x \end{cases}$ **Exponentialfunktion**.

Beispiel: $f(x) = y = 2^x$
Die Potenzrechnung (Abschnitt 1.5.) zeigt, dass $f(x)$ stets größer als 0 ist. Zur Skizzierung des Graphen kann man eine kleine Wertetabelle benutzen.

x	-2	-1	$-\frac{1}{2}$	0	1	2
2^x	$\frac{1}{4}$	$\frac{1}{2}$	$\frac{1}{2}\sqrt{2}$	1	2	4

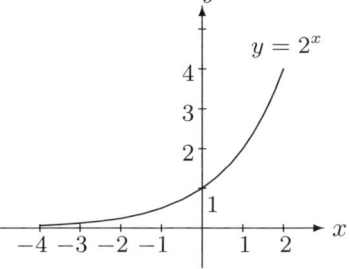

Man erkennt leicht: $f(x) = 2^x$ ist **streng monoton wachsend**. Für x gegen $-\infty$ werden die Funktionswerte fast 0, erreichen 0 aber nie (die x-Achse ist Asymptote). Für x gegen ∞ werden die Funktionswerte schnell sehr groß. Der Graph schneidet die x-Achse bei 1, da $2^0 = 1$ gilt. Ein Problem ergibt sich aber für irrationale x. Was ist z.B. $2^{\sqrt{2}}$? Das wurde im Abschnitt über Potenzrechnung nicht erklärt. Ein Taschenrechner liefert den Wert $2^{\sqrt{2}} \approx 2,665144$. Eine genaue Definition solcher Potenzen wird in der "Höheren Mathematik" gegeben. Wir begnügen uns mit dem Hinweis, dass man Potenzen a^x für alle reellen x definieren kann und berechnen sie gegebenenfalls mit Hilfe eines Taschenrechners.

Die Graphen von Exponentialfunktionen $f(x) = a^x$ sehen alle ähnlich aus. Man muß lediglich die Fälle $0 < a < 1$ und $a > 1$ unterscheiden, wie die nebenstehende Skizze von $f(x) = 2^x$ und $g(x) = (\frac{1}{2})^x$ zeigt. Wegen $(\frac{1}{2})^x = 2^{-x}$ erkennt man, dass der Graph von $y = (\frac{1}{2})^x = 2^{-x}$ aus dem Graphen von $y = 2^x$ durch Spiegelung an der y-Achse entsteht (Übergang von x zu $-x$).

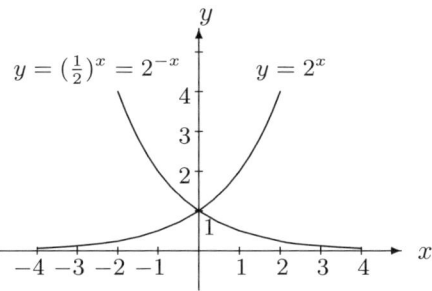

Eigenschaften von Exponentialfunktionen $f(x) = a^x$

Vorausgesetzt wird wieder $a > 0$ und $a \neq 1$.

Es ist stets $D(f) = \mathbb{R}$ und $\mathbb{R}_{>0}$ ist der Bildbereich.

Alle Graphen gehen durch den Punkt $(0, 1)$ auf der y-Achse.

Für $a > 1$ sind die Exponentialfunktionen streng monoton wachsend.
Sie wachsen stärker als jede (noch so große) Potenz von x.

Für $0 < a < 1$ sind die Exponentialfunktionen streng monoton fallend.

Aus der strengen Monotonie folgt: $\quad a^{x_1} = a^{x_2} \iff x_1 = x_2$.

Eine besondere Rolle bei den Exponentialfunktionen spielt die Funktion, bei der die Basis die EULERsche Zahl $e = 2,71828\ldots$ (siehe Abschnitt 1.5) ist, also $f(x) = e^x$. Sie wird häufig als **die** Exponentialfunktion bezeichnet und spielt bei Wachstums- bzw. Zerfallsprozessen eine wichtige Rolle.

Da $y = e^x$ streng monoton wachsend ist, besitzt die Exponentialfunktion eine Umkehrfunktion (siehe Abschnitt 4.3.). Wegen $e^{\ln x} = x$ für alle $x > 0$ und $\ln e^x = x$ für alle $x \in \mathbb{R}$ (siehe Abschnitt 1.5.), ist die Umkehrfunktion der Exponentialfunktion also die Funktion $y = \ln x$, die als **natürliche Logarithmusfunktion** bezeichnet wird.

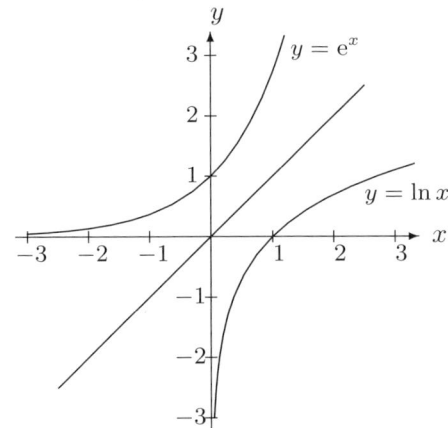

Merke:
Funktion und Umkehrfunktion

$f(x) = e^x \quad ; \quad f : \mathbb{R} \longrightarrow \mathbb{R}_{>0}$
besitzt die Umkehrfunktion
$g(x) = \ln x \quad ; \quad g : \mathbb{R}_{>0} \longrightarrow \mathbb{R}$
denn:
$(f \circ g)(x) = f(g(x)) = e^{\ln x} = x$
f.a. $x \in \mathbb{R}_{>0}$, d.h. $f \circ g = \mathrm{id}_{\mathbb{R}_{>0}}$
und
$(g \circ f)(x) = g(f(x)) = \ln e^x = x$
f.a. $x \in \mathbb{R}$, d.h. $g \circ f = \mathrm{id}_{\mathbb{R}}$.

Als Umkehrfunktion von $f(x) = 2^x$ erhält man nach dem Verfahren aus 2.3.:

Variablen vertauschen: $\quad x = 2^y$

Nach y auflösen: $\quad y = \log_2 x = \frac{\ln x}{\ln 2} = \frac{1}{\ln 2} \ln x \approx 1.44 \ln x$

Umkehrfunktion von $f(x) = 2^x$ ist also $g(x) = \frac{1}{\ln 2} \ln x$.

Man erkennt, dass allgemein gilt:

Umkehrfunktion der Exponentialfunkion $f(x) = a^x$ ist die Logarithmusfunktion $g(x) = \log_a x$. Diese ist nach der Formel $\log_a x = \frac{\ln x}{\ln a}$ ein Vielfaches der natürlichen Logarithmusfunktion, die somit Prototyp aller Logarithmusfunktionen $y = \log_a x$ ist.

Entsprechend ist wegen $a^x = e^{x \ln a}$ die Exponentialfunktion $y = e^x$ Prototyp aller Exponentialfunktionen $y = a^x$.

4.5 Trigonometrische Funktionen

Um trigonometrische Funktionen (anderer Name: Winkelfunktionen) definieren zu können, muß zunächst etwas über **Winkelmessung** gesagt werden.
Übliche Winkelmessungen werden im **Gradmaß** (DEG) oder im **Bogenmaß** (RAD) vorgenommen.
Beim Gradmaß beträgt ein Vollwinkel 360° und wird entsprechend unterteilt.
Beim Bogenmaß mißt man einen Winkel mit einer reellen Zahl und zwar durch die Länge des zugehörigen Bogens am Einheitskreis. Da für den Umfang U eines Kreises $U = 2\pi r$ gilt, ergibt sich für den Einheitskreis als Umfang 2π, und dies ist das Bogenmaß für einen Vollwinkel.

Zusammenhang: Gradmaß – Bogenmaß (Radiant)

Zwischen dem
- Winkel α in Grad und der
- Länge b des zugehörigen Kreisbogens am Einheitskreis

besteht folgender Zusammenhang:

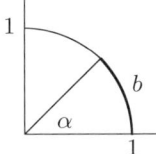

$$\alpha = \frac{180}{\pi} b \qquad b = \frac{\pi}{180}\alpha$$

$$1\,\mathrm{rad} = \frac{180°}{\pi} \approx 57,3° \qquad 1° = \frac{\pi}{180}\,\mathrm{rad} \approx 0,017\,\mathrm{rad}$$

Beispiel:
$$30° = \frac{\pi}{180} \cdot 30\,\mathrm{rad} = \frac{\pi}{6}\,\mathrm{rad} \quad,\quad \frac{\pi}{2}\,\mathrm{rad} = \frac{180°}{\pi} \cdot \frac{\pi}{2} = 90°$$

Wichtige Tabelle (Grad- und Bogenmaß):

$\alpha°$	0°	30°	45°	60°	90°	120°	135°	150°	180°	210°	225°	240°	270°	300°	315°	330°	360°
b rad	0	$\frac{\pi}{6}$	$\frac{\pi}{4}$	$\frac{\pi}{3}$	$\frac{\pi}{2}$	$\frac{2}{3}\pi$	$\frac{3}{4}\pi$	$\frac{5}{6}\pi$	π	$\frac{7}{6}\pi$	$\frac{5}{4}\pi$	$\frac{4}{3}\pi$	$\frac{3}{2}\pi$	$\frac{5}{3}\pi$	$\frac{7}{4}\pi$	$\frac{11}{6}\pi$	2π

Die trigonometrischen Funktionen Sinus, Kosinus, Tangens und Kotangens werden zunächst für Winkel α mit $0° < \alpha° < 90°$ am rechtwinkligen Dreieck eingeführt, und zwar als

$$\sin \alpha = \frac{a}{c} = \frac{\text{Gegenkathete}}{\text{Hypotenuse}}$$

$$\cos \alpha = \frac{b}{c} = \frac{\text{Ankathete}}{\text{Hypotenuse}}$$

$$\tan \alpha = \frac{a}{b} = \frac{\text{Gegenkathete}}{\text{Ankathete}} = \frac{\sin \alpha}{\cos \alpha}$$

$$\cot \alpha = \frac{b}{a} = \frac{\text{Ankathete}}{\text{Gegenkathete}} = \frac{\cos \alpha}{\sin \alpha}$$

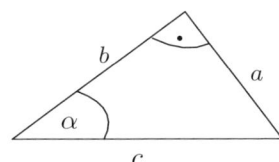

Läßt man noch die Grenzfälle 0° und 90° zu, so erhält man die folgende Tabelle mit speziellen Werten der trigonometrischen Funktionen, die sich alle durch elementargeometrische Überlegungen - meist mit Hilfe des Satzes von PYTHAGORAS - herleiten lassen.

Wichtige Tabelle					
α in Grad	0°	30°	45°	60°	90°
α in Bogenmaß	0	$\frac{\pi}{6}$	$\frac{\pi}{4}$	$\frac{\pi}{3}$	$\frac{\pi}{2}$
$\sin \alpha$	0	$\frac{1}{2}$	$\frac{1}{2}\sqrt{2}$	$\frac{1}{2}\sqrt{3}$	1
Merkregel für $\sin \alpha$	$\frac{1}{2}\sqrt{\mathbf{0}}$	$\frac{1}{2}\sqrt{\mathbf{1}}$	$\frac{1}{2}\sqrt{\mathbf{2}}$	$\frac{1}{2}\sqrt{\mathbf{3}}$	$\frac{1}{2}\sqrt{\mathbf{4}}$
$\cos \alpha$	1	$\frac{1}{2}\sqrt{3}$	$\frac{1}{2}\sqrt{2}$	$\frac{1}{2}$	0
$\tan \alpha$	0	$\frac{1}{3}\sqrt{3}$	1	$\sqrt{3}$	–
$\cot \alpha$	–	$\sqrt{3}$	1	$\frac{1}{3}\sqrt{3}$	0

Beispiel: Berechnung von $\sin 30°$ und $\sin 60°$:

In nebenstehender Skizze erkennt man, dass das gezeichnete Dreieck mit $\alpha = 30°$ die Hälfte eines gleichseitigen Dreiecks ist. Also ist die Länge der Gegenkathete gerade $\frac{a}{2}$, und damit ist

$$\sin 30° = \frac{\frac{a}{2}}{a} = \frac{1}{2}.$$

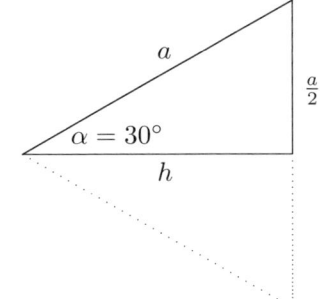

Ferner ist $\sin 60° = \frac{h}{a}$, wobei h die Höhe im gleichseitigen Dreieck ist, für die nach den Satz des PYTHAGORAS gilt:

$$h^2 + \left(\frac{a}{2}\right)^2 = a^2 \implies h^2 = \frac{3}{4}a^2 \text{ also } h = \frac{1}{2}\sqrt{3}\,a\,.$$

Damit folgt $\sin 60° = \frac{h}{a} = \frac{1}{2}\sqrt{3}$.
Gleichzeitig erkennt man: $\cos 30° = \frac{1}{2}\sqrt{3}$ und $\cos 60° = \frac{1}{2}$.

Zur Erweiterung der trigonometrischen Funktionen zu reellen Funktionen wird der Einheitskreis betrachtet und ein beliebiger Punkt $P = (x, y)$ auf dem Einheitskreis. Der Winkel α zwischen der positiven x-Achse und der Geraden durch $(0, 0)$ und P wird im Bogenmaß gemessen, und zwar wie folgt:
$b \geq 0$: Von $(1, 0)$ aus durchläuft man den Einheitskreis bis P in mathematisch positiver Richtung (gegen den Uhrzeigersinn).

4.5. TRIGONOMETRISCHE FUNKTIONEN

$b \leq 0$: Von $(1,0)$ aus durchläuft man den Einheitskreis bis P in mathematisch negativer Richtung (im Uhrzeigersinn).

Man definiert:

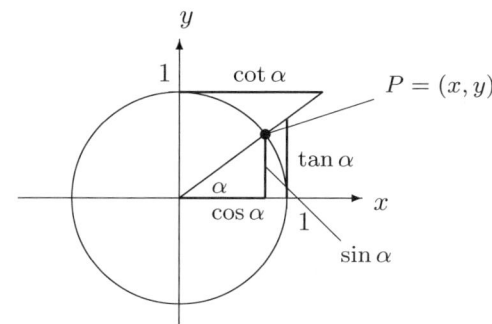

$$\sin \alpha = y$$
$$\cos \alpha = x$$
$$\tan \alpha = \frac{\sin \alpha}{\cos \alpha} = \frac{y}{x}$$
$$\cot \alpha = \frac{\cos \alpha}{\sin \alpha} = \frac{x}{y}$$

An der Skizze erkennt man, dass diese Definitionen der trigonometrischen Funktionen für $0 \leq \alpha \leq \frac{\pi}{2}$ mit den obigen Definitionen für Sinus, Kosinus, Tangens und Kotangens übereinstimmen.

Beispiele: für Funktionswerte

$\sin \pi = 0$ (Punkt P_1)
$\cos \pi = -1$ (Punkt P_1)
$\sin(-\frac{\pi}{4}) = -\frac{1}{2}\sqrt{2}$ (Punkt P_2 und Tabelle S. 69)
$\cos(-\frac{\pi}{4}) = \frac{1}{2}\sqrt{2}$ (Punkt P_2 und Tabelle S. 69)
$\sin(\frac{7}{3}\pi) = \sin \frac{\pi}{3} = \frac{1}{2}\sqrt{3}$ (Punkt P_3 und Tabelle S. 69)
$\cos(\frac{7}{3}\pi) = \cos \frac{\pi}{3} = \frac{1}{2}$ (Punkt P_3 und Tabelle S. 69)
$\sin(\frac{7}{4}\pi) = \sin(-\frac{\pi}{4}) = -\frac{1}{2}\sqrt{2}$ (Punkt P_2 und Tabelle S. 69)
$\cos(\frac{7}{4}\pi) = \cos(-\frac{\pi}{4}) = \frac{1}{2}\sqrt{2}$ (Punkt P_2 und Tabelle S. 69)
$\sin(\frac{11}{2}\pi) = \sin(\frac{3}{2}\pi) = -1$ (Punkt P_4)
$\cos(\frac{11}{2}\pi) = \cos(\frac{3}{2}\pi) = 0$ (Punkt P_4)

Unter Benutzung von $\tan \alpha = \frac{\sin \alpha}{\cos \alpha}$ und $\cot \alpha = \frac{\cos \alpha}{\sin \alpha}$ ergibt sich z.B.:
$$\tan \pi = 0 \quad , \quad \cot(\tfrac{7}{3}\pi) = \tfrac{1}{3}\sqrt{3} \quad , \quad \tan(\tfrac{7}{4}\pi) = -1.$$

Durch die obigen Definitionen erhält man die folgenden Funktionen:

$$\sin : \begin{cases} \mathbb{R} & \longrightarrow & [-1,1] \\ x & \longmapsto & \sin x \end{cases} \qquad \cos : \begin{cases} \mathbb{R} & \longrightarrow & [-1,1] \\ x & \longmapsto & \cos x \end{cases}$$

$$\tan : \begin{cases} \mathbb{R} & \longrightarrow & \mathbb{R} \\ x & \longmapsto & \tan x \end{cases} \qquad \cot : \begin{cases} \mathbb{R} & \longrightarrow & \mathbb{R} \\ x & \longmapsto & \cot x \end{cases}$$

wobei $\tan x$ für $x \in \{\frac{\pi}{2} + k\pi \mid k \in \mathbb{Z}\}$ und $\cot x$ für $x \in \{k\pi \mid k \in \mathbb{Z}\}$ nicht definiert sind.

Aus der Definition der trigonometrischen Funktionen folgt direkt:

> **Wichtige Eigenschaften der trigonometrischen Funktionen**
>
> Die trigonometrischen Funktionen sind **periodisch**.
> $\sin x$ und $\cos x$ haben die Periode 2π: $\begin{cases} \sin(x+2\pi) = \sin x \\ \cos(x+2\pi) = \cos x \end{cases}$ f.a. $x \in \mathbb{R}$
>
> $\tan x$ und $\cot x$ haben die Periode π: $\begin{cases} \tan(x+\pi) = \tan x \\ \cot(x+\pi) = \cot x \end{cases}$ f.a. $x \in \mathbb{R}$
>
> $\cos x$ ist eine **gerade** Funktion, also $\cos x = \cos(-x)$ für alle $x \in \mathbb{R}$.
> $\sin x$ und $\tan x$ sind **ungerade** Funktionen, also $\sin x = -\sin(-x)$ und $\tan x = -\tan(-x)$ für alle $x \in \mathbb{R}$.

Ebenfalls aus der Definition am Einheitskreis ergeben sich die Graphen der trig. Funktionen. Für die Werte auf der x-Achse werden dabei Vielfache von π gewählt, da wichtige Punkte der Graphen solche Abszissen besitzen.

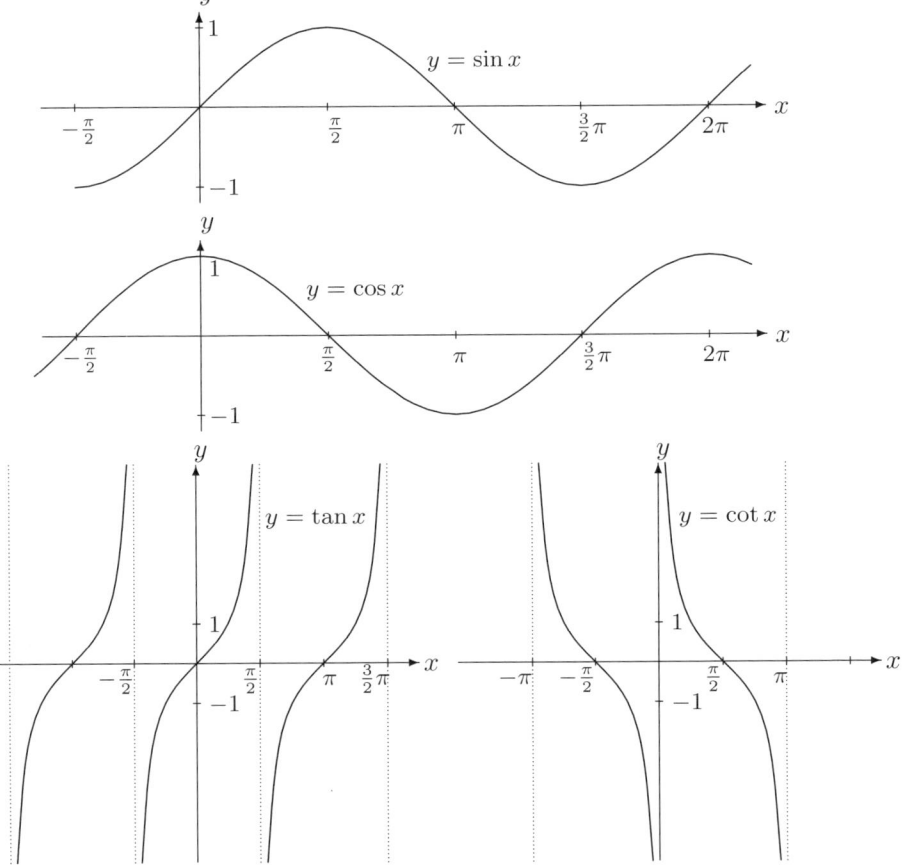

4.5. TRIGONOMETRISCHE FUNKTIONEN

Für die trigonometrischen Funktionen gelten viele Formeln; dazu schaue man gegebenenfalls in eine Formelsammlung, z.B **F+H**. Viele der Formeln sind direkt an den skizzierten Graphen zu erkennen, z.B.:

- Die Kosinuskurve ist eine um $\frac{\pi}{2}$ nach links verschobene Sinuskurve, d.h. $\sin(x + \frac{\pi}{2}) = \cos x$.

- Durchläuft man die Sinuskurve beginnend bei $x = \pi$ nach links, so durchläuft man genau die Sinuskurve, d.h. $\sin(\pi - x) = \sin x$.

- Die Kotangenskurve ist die um $\frac{\pi}{2}$ nach rechts verschobene negative Tangenskurve, d.h. $\cot x = -\tan(x - \frac{\pi}{2})$.

- Durchläuft man die Tangenskurve beginnend bei $x = \frac{\pi}{2}$ nach links, so durchläuft man genau die Kotangenskurve, d.h. $\tan(\frac{\pi}{2} - x) = \cot x$.

Die Graphen zeigen auch, dass alle Funktionswerte der trigonometrischen Funktionen (unter Benutzung von an den Graphen erkennbaren Symmetrien - also unter Benutzung von Formeln) aus den Funktionswerten im Bereich $0 \leq x \leq \frac{\pi}{2}$ berechenbar sind, die in der Tabelle auf Seite 69 stehen.

Als Beispiel listen wir die folgende Tabelle auf:

Wichtige Werte der Kreisfunktionen

	0°	30°	45°	60°	90°	120°	135°	150°	180°	210°	225°	240°	270°	300°	315°	330°	360°
	0	$\frac{\pi}{6}$	$\frac{\pi}{4}$	$\frac{\pi}{3}$	$\frac{\pi}{2}$	$\frac{2}{3}\pi$	$\frac{3}{4}\pi$	$\frac{5}{6}\pi$	π	$\frac{7}{6}\pi$	$\frac{5}{4}\pi$	$\frac{4}{3}\pi$	$\frac{3}{2}\pi$	$\frac{5}{3}\pi$	$\frac{7}{4}\pi$	$\frac{11}{6}\pi$	2π
$\sin x$	0	$\frac{1}{2}$	$\frac{\sqrt{2}}{2}$	$\frac{\sqrt{3}}{2}$	1	$\frac{\sqrt{3}}{2}$	$\frac{\sqrt{2}}{2}$	$\frac{1}{2}$	0	$-\frac{1}{2}$	$-\frac{\sqrt{2}}{2}$	$-\frac{\sqrt{3}}{2}$	-1	$-\frac{\sqrt{3}}{2}$	$-\frac{\sqrt{2}}{2}$	$-\frac{1}{2}$	0
$\cos x$	1	$\frac{\sqrt{3}}{2}$	$\frac{\sqrt{2}}{2}$	$\frac{1}{2}$	0	$-\frac{1}{2}$	$-\frac{\sqrt{2}}{2}$	$-\frac{\sqrt{3}}{2}$	-1	$-\frac{\sqrt{3}}{2}$	$-\frac{\sqrt{2}}{2}$	$-\frac{1}{2}$	0	$\frac{1}{2}$	$\frac{\sqrt{2}}{2}$	$\frac{\sqrt{3}}{2}$	1
$\tan x$	0	$\frac{\sqrt{3}}{3}$	1	$\sqrt{3}$	—	$-\sqrt{3}$	-1	$-\frac{\sqrt{3}}{3}$	0	$\frac{\sqrt{3}}{3}$	1	$\sqrt{3}$	—	$-\sqrt{3}$	-1	$-\frac{\sqrt{3}}{3}$	0
$\cot x$	—	$\sqrt{3}$	1	$\frac{\sqrt{3}}{3}$	0	$-\frac{\sqrt{3}}{3}$	-1	$-\sqrt{3}$	—	$\sqrt{3}$	1	$\frac{\sqrt{3}}{3}$	0	$-\frac{\sqrt{3}}{3}$	-1	$-\sqrt{3}$	—

Die wichtigsten trigonometrischen Formeln

$$\boxed{\sin^2 x + \cos^2 x = 1}$$

Additionstheoreme:
$$\sin(x \pm y) = \sin x \cos y \pm \cos x \sin y$$
$$\cos(x \pm y) = \cos x \cos y \mp \sin x \sin y$$

speziell:
$$\sin 2x = 2 \sin x \cos x$$
$$\cos 2x = \cos^2 x - \sin^2 x$$

und:
$$\sin^2 x = \tfrac{1}{2}(1 - \cos 2x)$$
$$\cos^2 x = \tfrac{1}{2}(1 + \cos 2x)$$

Index

abgeschlossenes Intervall 36
Abszisse 45
Achsenabschnitt 50
Achsenabschnittsform 50
achsensymmetrisch 63
Additionstheoreme 83
Additionsverfahren 47
äquivalente Umformung 27
agM-Ungleichung 38
allgemeine Gleichung 2. Grades 56
arithmetisches Mittel 29
Assoziativgesetz 18
Asymptote 55, 69
ausklammern 18
ausmultiplizieren 18

Basis 20
beschränkt 36
Beschränktheit 63
Betrag einer Zahl 38
Betragsfunktion 62
Bewegungsdiagramm 50
Bildbereich 59
Bildmenge 59
Bild von f 59
Binomialkoeffizienten 22
binomische Formeln 22
biquadratische Gleichung 34
Bogenmaß 79

Definitionbereich 59
DEG 79
Dezimalbruch 15
Dezimaldarstellung 15
Dezimalsystem 15
Distributivgesetz 18
Division von Polynomen 67
Dualsystem 26
Dualzahlen 26

echt gebrochen 69
Einheitskreis 54
Einsetzungsverfahren 47
Ellipse 54
Ellipsengleichung 54

entartete Fälle 58
erweitern 11
EUKLID 7
EUKLIDischer Divisionsalgorithmus 9
EULERsche Zahl 24
Exponent 20
Exponentialfunktion 77
Exponentialgleichung 41

Faktor eines Polynoms 67
Faktorisieren 18
Funktion 59
Funktionsgleichung 59
Funktionswert 59

ganze rationale Funktion 66
GAUSSsches Eliminationsverfahren 48
geometrisches Mittel 37
gerade Funktion 63
gewichtetes Mittel 29
ggT 8
Gleichsetzungsverfahren 47
Gleichung 27
Grad eines Polynoms 66
Gradmaß 79
größter gemeinsamer Teiler 8
Grundwert 13

Halbebene 52
Hauptnenner 11
Hyperbel 55
Hyperbelgleichung 55

Intervall 35
irrationale Zahlen 17

Kegelschnitt 55
Kehrwert 12
kgV 8
kleinste Schranke 64
kleinstes gemeinsames Vielfaches 8
Kommutativgesetz 18
konstante Funktion 60
Kosinus 79
Kosinuskurve 82

INDEX

Kotangens 79
Kotangenskurve 82
Kreis 54
Kreisgleichung 54
kürzen 11

lineare Funktion 60
lineare Gleichung 27
lineares Gleichungssystem 46
Linearfaktor 68
Lösungsmenge 27
logarithmieren 24
Logarithmus 24

Mittelwert 29
monoton fallend 63
Monotonie 63
monoton wachend 63

nach oben beschränkt 63
nach unten beschränkt 63
natürliche Logarithmusfunktion 78
natürlicher Logarithmus 24
Nenner 11
Normalparabel 60
n-te Wurzel 21
Nullpunkt 45
Nullstelle 68

offenes Intervall 36
Ordinate 45

Parabel 54
Parabelgleichung 54
PASCALsches Dreieck 23
Periode 15
periodische Funktion 63
periodischer Dezimalbruch 15
Pol 70
Pol gerader (ungerader) Ordnung 70
Pot mit (ohne) Vorzeichenwechsel 70
Polynom 66
Polynomdivision 68
Polynomfunktion 66
Potenzfunktion 65
potenzieren 24
Potenzrechengesetze 20
Primfaktorzerlegung 9
Primzahl 7
Prozentsatz 13
Prozentwert 13
Punkt 39
Punkt – Steigung–Form 49
punktsymmetrisch 63
PYTHAGORAS 80

Quadrant 46

quadratische Ergänzung 32
quadratische Funktion 60
quadratische Gleichung 32

RAD 79
Radiant 79
radizieren 24
rationale Funktion 69
rationale Zahlen 15
rationalmachen des Nenners 21
reelle Funktion 59

Satz des PYTHAGORAS 54, 80
Scheitelpunkt 54
Schranke 64
Sinus 79
Sinuskurve 82
Steigung einer Geraden 49
Stellenwertsystem 26
streng monoton fallend 63
streng monoton wachsend 63
Symmetrie 63

Tangens 79
Tangenskurve 82
Teilbarkeit 7
Teiler 7
teilerfremd
trigonometrische Funktion 79

Umkehrfunktion 75
ungerade Funktion 63
Ungleichung 21
Ungleichungskette 38
Ursprung 45

Verkettung 73
Vielfaches 7
VIETA 32

(x, y)-Ebene 45

Wertetabelle 61
Winkelfunktion 79
Winkelmessung 79
Wurzel 21
Wurzelgesetze 21
Wurzelgleichung 41
Wurzelsatz von VIETA 32

Zähler 11
Zahlengerade 34
Zinseszinsformel 14
Zwei–Punkte–Form 49

Zu beziehen im Buchhandel oder direkt bei:

Binomi Verlag
E–Mail verlag@binomi.de
Internet www.binomi.de

30890 Barsinghausen
Schützenstr. 9
Tel 05105 6624000
Fax 05105 515798

Steffen Timmann

Repetitorium der Analysis – Teil 1

Die wichtigsten **Sätze, Methoden** und **Beispiele** der **Analysis I**.

Reelle Zahlen und Funktionen, Topologisches, Zahlen– und Funktionenfolgen und Reihen, Stetigkeit, Differenzierbarkeit, Taylorformel, Integrierbarkeit.

ISBN 978–3–923923–50–2   328 Seiten   **LP 14,80 €**

Steffen Timmann

Repetitorium der Analysis – Teil 2

Die wichtigsten **Sätze, Methoden** und **Beispiele** der **mehrdim. Analysis.**
250 Aufgaben mit Lösungen. Metr., norm. lin. Räume, Implizite Funktn, Extremwerte, Kurven, Flächen im $\mathbb{R}^n$, Kurvenintegrale, Jordan Inhalt und Riemann Integral, Lebesgue Maß und Integral, Vektoranalysis, Integralsätze.

ISBN 978–3–923923–52–6   336 Seiten   **LP 14,80 €**

Steffen Timmann

Repetitorium der Gewöhnlichen Differentialgleichungen

Die wichtigsten **Sätze, Methoden, Beispiele** zur Theorie der **Gewöhnl. DGLn. 280 Aufgaben mit Lösungen, 50 Beispiele, 160 Abbildungen.**

Existenz- und Eindeutigkeitssätze, Abhängigkeit von Parametern, Elementare Typen, Systeme höherer Ordnung, Autonome Systeme, Stabilitätstheorie, Lineare Probleme, Laplace–Transformation, Rand- und Eigenwertprobleme.

ISBN 978–3–923923–54–0   320 Seiten   **LP 13,80 €**

Steffen Timmann

Repetitorium der Funktionentheorie

Sätze, Methoden, Beispiele zur Funktionentheorie einer Variablen.
400 Aufgaben mit Lösungen. Holomorphe und meromorphe Funktn, geometrische Funktionentheorie, konforme Abbildungen, harmonische Funktionen.

ISBN 978–3–923923–56–4   352 Seiten   **LP 16,80 €**

Steffen Timmann

Repetitorium der Topologie und Funktionalanalysis

Sätze, Methoden, Beispiele zu topolog. und metrischen Räumen:
400 Aufgaben mit Lösungen, 50 Abbildungen. Konvergenz, Stetigkeit, Kompaktheit, Hilberträume, lin. Funktionale und Operatoren, Spektraltheorie, Mengenlehre, Ordinal- und Kardinalzahlen, Maß- und Integrationstheorie.

ISBN 978–3–923923–59–5   385 Seiten   **LP 17,80 €**

Detlef Wille
Repetitorium der Linearen Algebra – Teil 1
Beispiele und ca. **250 gelöste Aufgaben** und **Theorie** zu: Elementare Vektorrechnung, Lineare Gleichungssysteme, Allgemeine Vektorräume, Lineare Abbildungen und Matrizen.
ISBN 978-3-923923-40-3   280 Seiten   **LP 14,80 €**

Michael Holz / Detlef Wille
Repetitorium der Linearen Algebra – Teil 2
Beispiele und ca. **270 gelöste Aufgaben** und **Theorie** zu: Eigenwerttheorie, Diagonalisierbarkeit, Jordan–Chevalley–Zerlegung, Jordansche Normalformen, Vektorräume mit Skalarprodukt, Affine Räume, Quadriken.
ISBN 978-3-923923-42-7   336 Seiten   **LP 14,80 €**

Michael Holz
Repetitorium der Algebra
Gruppen, Ringe, Körper, Galoistheorie, Konstruktion mit Zirkel und Lineal: Die wichtigsten Beispiele und Sätze, ca. 200 Aufgaben mit ausführlich kommentierten Lösungen
ISBN 978-3-923923-44-1   544 Seiten   **LP 21,80 €**

Hans Jürgen Korsch
Mathematische Ergänzungen zur Einführung in die Physik
Vektoranalysis, Matrizen, Tensoren, Schwingungen, orthog. Funktn., Probleme der Dynamik, lin. Schwingungen, nichtlin. Dynamik und Chaos, part. DGLn.
ISBN 978-3-923923-61-8   520 Seiten   **LP 19,80 €**

Hans Jürgen Korsch
Mathematik–Vorkurs
Folgen, Reihen, Vektoren, Matrizen, Determinanten, lin. Gleichungen, Ellipse, Hyperbel, Parabel, komplexe Zahlen, Differenzieren, Integrieren, Potenzreihen.
ISBN 978-3-923923-62-5   127 Seiten   **LP 7,80 €**

Günter Mühlbach
Vorkurs zur Mathematik
Wiederholung von Schulmathematik in 3 Wochen. Mehr als 30 vollständig durchgerechnete Beispiele, mehr als 190 Aufgaben mit Lösungen.
ISBN 978-3-923923-26-7   80 Seiten   **LP 5,80 €**

Detlef Wille
Mathematik–Vorkurs
Für Studienanfänger
Mehr als 300 vollständig durchgerechnete Aufgaben und Beispiele.
ISBN 978-3-923923-10-6   88 Seiten   **LP 6,80 €**

[Preisänderungen vorbehalten]

Gerhard Merziger / Thomas Wirth
Repetitorium der Höheren Mathematik
Standardarbeitsbuch zur Höheren Mathematik!
kein Lehrbuch, keine Formelsammlung, obwohl die wichtigsten Formeln und Integrale übersichtlich zusammengestellt sind! Mathemat. Verfahren werden an mehr als **1200 durchgerechneten Beispielen und Aufgaben** erklärt.
ISBN 978–3–923923–33–5   576 Seiten   **LP 19,80 €**

Merziger / Mühlbach / Wille / Wirth
Formeln + Hilfen zur Höheren Mathematik
Formelsammlung mit Hilfen, Hinweisen und Beispielen
ISBN 978–3–923923–35–9   241 Seiten   **LP 14,80 €**

Günter Mühlbach
Repetitorium der Wahrscheinlichkeitsrechnung und Statistik
Zufallsgrößen, Verteilungen, Korrelationen und Regressionen, Parameterschätzungen, Konfidenzintervalle, Qualitätskontrollen, Tests.
ISBN 978–3–923923–31–1   174 Seiten   **LP 10,80 €**

Dietrich Feldmann
Repetitorium der Numerischen Mathematik
Numerische Verfahren, ca. 250 ausführlich behandelte Beispiele.
Lineare Gleichungssysteme, Eigenwertaufgaben, Interpolation, Integration, Lineare Optimierung, Variationsrechnung, Anfangswertaufgaben, Rand- und Eigenwertaufgaben, Partielle Differentialgleichungen, Laplace–Transformation.
ISBN 978–3–923923–07–6   400 Seiten   **LP 17,80 €**

Dieter Lohse / Detlef Wille
Mathematik für Wirtschaftswissenschaften
Trainingsbuch – Beispiele, Aufgaben, kommentierte Lösungen:
Differential- und Integralrechnung, Funktionen mehrerer Veränderlicher, Matrizen, Determinanten, Lineare Gleichungssysteme, Eigenwertprobleme, Differential- und Integralgleichungen. **Klausuraufgaben mit Lösungen**
ISBN 978–3–923923–22–9   443 Seiten   **LP 16,80 €**

Franco Binomi
Vorbereitung zum Vordiplom, Mathematik für Ingenieure I, II
Lösungsrezepte für oft auftretende Aufgabentypen in **Vordiplomklausuren**.
ISBN 978–3–923923–11–3   78 Seiten   **LP 6,80 €**

Zu beziehen im Buchhandel oder direkt bei:

Binomi Verlag
E–Mail   verlag@binomi.de
Internet   www.binomi.de

30890 Barsinghausen
Schützenstr. 9
Tel   05105 6624000
Fax   05105 515798